菊科植物化感作用研究

Allelopathy of Compositae Plants

周 凯 著

U0239145

中国农业出版社
北京

FOREWORD

前　言

　　化感作用是植物化学生态学的重要研究内容之一，是农林业生态系统内一个古老且有崭新意义的研究领域。菊科作为植物界中分布最广、种类最多的一个科，菊科植物的化感作用引起了国内外学者的广泛关注，尤其是对化感物质应用于可持续农业和林业管理等方面进行了大量的研究，成果累累。某些菊科植物还具有较强的入侵潜力，不仅严重威胁入侵地生物多样性，还造成生态破坏和巨大的经济损失，更对当地的生态系统安全产生了严重的威胁，已经引起了国内外学者的广泛关注，成为全球研究热点。菊科植物的化感作用机理目前还不清晰，菊科植物化感作用物质在我国农业生态系统和林业生态系统可持续管理的应用潜力也没有得到应有的重视，需要结合农林业发展的关键科学问题，展开科技攻关，解决行业瓶颈问题，促进现代农林业的可持续发展。

　　本书主要根据著者对菊科植物化感作用研究所取得的成果编著而成，内容包括植物化感作用研究进展、我国菊科主要园艺植物的化感作用、菊科植物化感作用研究进展、主要菊科植物化感作用研究等14章所组成。本书由周凯任主编，组织大纲的编写起草，郭维明、王智芳等参与了本书的研究。本书受新乡市重点科技攻关项目"菊花根系对自毒作用的生理生态响应研究"的资助出版，谨此一并致谢！

本书适合农林院校各专业、农业科研人员和对农业生态学感兴趣的各界人士阅读参考。鉴于著者水平有限，书中错误和疏忽在所难免，敬请读者批评指正，以便今后进一步修改和提高。

周　凯

2024 年 5 月

CONTENTS

目 录

前言

第1章　植物化感作用研究进展 ··· 1

  1　化感作用的定义 ··· 1

  2　化感作用研究的历史 ·· 2

  3　化感作用的机制 ··· 4

  4　国内外化感作用研究的主要进展 ··· 5

  5　作物化感作用研究的意义及其农业生产应用途径 ························· 7

  6　作物化感作用研究面临的困难及发展前景 ··································· 8

第2章　我国菊科主要园艺植物的化感作用 ································ 10

  1　菊花 ·· 11

  2　向日葵 ·· 19

  3　非洲菊 ·· 21

  4　万寿菊 ·· 22

  5　甜叶菊 ·· 24

  6　紫茎泽兰 ··· 26

  7　薇甘菊 ·· 27

  8　豚草属 ·· 29

  9　加拿大一枝黄花 ··· 32

10 银胶菊 ………………………………………………………… 34

11 黄顶菊 ………………………………………………………… 35

12 藿香蓟 ………………………………………………………… 37

13 三叶鬼针草 ………………………………………………… 38

14 飞机草 ………………………………………………………… 41

15 小蓬草 ………………………………………………………… 42

16 胜红蓟 ………………………………………………………… 43

17 刺苍耳 ………………………………………………………… 45

第3章 菊科植物化感作用研究进展 …………………………… 48

1 化感作用的概念 …………………………………………… 49

2 菊科植物中自毒及化感作用的属、种、自毒或化感物质及其
化感潜势 …………………………………………………… 51

3 自毒及化感物质的作用机理 …………………………… 55

4 自毒及化感作用在农业上的应用研究 ………………… 57

5 展望 ………………………………………………………… 60

第4章 不同部位、不同浓度水浸液对菊花栽培品种高压太子
种子萌发及幼苗生长的影响 ……………………………… 62

1 材料与方法 ………………………………………………… 63

2 结果与分析 ………………………………………………… 66

3 讨论 ………………………………………………………… 72

4 结论 ………………………………………………………… 73

第5章 不同部位、不同浓度水浸液处理对菊花品种高压太子
扦插生根及生理生化特性的影响 ………………………… 75

1 材料与方法 ………………………………………………… 76

2 结果与分析 ………………………………………………… 77

3 讨论 ………………………………………………………… 88

4 结论 ………………………………………………………… 89

第 6 章 连作菊花不同部位不同浓度水浸液处理对盆栽菊花品种高压太子生长及生理生化特性的影响 ………………… 91

1 材料与方法 ………………………………………………… 92

2 结果与分析 ………………………………………………… 93

3 讨论 ………………………………………………………… 102

4 研究结论 …………………………………………………… 104

第 7 章 菊花不同部位水浸液自毒作用的研究 …………………… 106

1 材料与方法 ………………………………………………… 107

2 结果与分析 ………………………………………………… 108

3 讨论 ………………………………………………………… 113

第 8 章 菊花不同部位及根际土壤水浸液对其扦插苗生长的自毒效应 ………………………………………………… 115

1 材料与方法 ………………………………………………… 116

2 结果与分析 ………………………………………………… 117

3 讨论 ………………………………………………………… 122

第 9 章 菊花不同部位水浸液处理对光合作用的自毒作用研究 …… 124

1 材料与方法 ………………………………………………… 124

2 结果与分析 ………………………………………………… 126

3 讨论 ………………………………………………………… 129

第 10 章 菊花自毒作用对扦插苗根系膜稳定性的影响 …………… 131

1 材料与方法 ………………………………………………… 131

2 结果与分析 ………………………………………………… 132

3 讨论与结论 ………………………………………………… 135

第 11 章 菊花植株水浸液对生菜幼苗根系形态特征的化感作用 … 137

1 材料与方法 ………………………………………………… 138

2 结果与分析 ……………………………………………………… 139

3 结论与讨论 ……………………………………………………… 142

第 12 章　菊花水浸液处理对萝卜种子萌发及幼苗生长的化感作用研究 …… 144

1 材料与方法 ……………………………………………………… 145

2 结果与分析 ……………………………………………………… 147

3 讨论 ……………………………………………………………… 151

4 结论 ……………………………………………………………… 152

第 13 章　加拿大一枝黄花根系和根际土壤水浸液对萝卜和白菜种子
萌发及幼苗生长的影响 …………………………………… 153

1 材料与方法 ……………………………………………………… 154

2 结果与分析 ……………………………………………………… 155

3 讨论 ……………………………………………………………… 158

第 14 章　菊花自毒作用的研究（Autotoxic Effects of
Chrysanthemum）……………………………………… 159

1 Introduction ……………………………………………………… 159

2 Materials and methods ………………………………………… 161

3 Results …………………………………………………………… 164

4 Discussions ……………………………………………………… 170

5 Acknowledgements ……………………………………………… 172

参考文献 …………………………………………………………… 174

第 1 章
植物化感作用研究进展

通俗地讲，化感作用（Allelopathy）是植物、微生物通过释放化学物质影响邻近植物生长发育的现象。近年来化感作用研究在国内外发展很快，从事该领域研究的科学家队伍日趋壮大，这些科学家分别来自生态学、植物学、有机化学、生物化学、农学、林学等研究领域。近年又有遗传育种学家介入化感作用研究领域，使化感作用研究与分子遗传学结合更加紧密。化感作用是生态学新的分支学科，成为国内外生态学研究的热点之一。

1 化感作用的定义

化感作用（Allelopathy）又称他感作用、异株克生作用。化感作用最初的定义是指植物通过向环境释放特定的次生代谢产物从而对邻近其他植物（含微生物及其自身）生长发育产生有益和有害的影响。现在，植物化感作用研究事实上已扩展到以植物为中心的一切有机体及环境间通过化学物质为媒介的化学相互作用。

自毒作用（Autotoxicity）是指植物通过地上部淋溶、根系分泌、植株残茬及气体挥发等途径释放的化学物质对同茬或下茬同种或同科植物生长产生抑制的现象，又称自身化感作用（self - allelopathy），是植物因无益代谢物的过度积累而自身受抑制的现象。1984 年 Rice 在《Allelopathy》第二版里根据对植物化感作用新的研究成果认为，植物之间的化感作用也可以在种内进行，而将自毒作用补充到植物化感作用的定义中，至此 Rice 关于植物化感作用（包括自毒）的定义被普遍接受，此后 10 多年首次将自毒现象也列入化感作用范畴。

2　化感作用研究的历史

人类很早就注意到植物之间存在相生相克的现象。如黑胡桃（*Juglans nigra*）树下其他植物很难生存，鹰嘴豆（*Cicer arietinum*）可显著抑制杂草生长[①]，但其背后的具体原因一直不甚明了。化感作用这一概念最早由德国科学家 Hans Molish 于 1937 年在其德文专著《Der Einfluss einer flanze auf die andere‐Allelopathie》中首次使用，定义为一种植物抑制邻近植物生长的生物化学相互作用（Hans Molish，1937）。随后，在 20 世纪 70 年代，Elroy Leon Rice 进一步完善了化感定义，将一种植物、微生物通过向环境中释放出化学物质而对另一种植物、微生物产生直接或间接的伤害都归为化感作用。E. L. Rice 的定义极大地推动了全世界植物化感作用研究，被公认为现代化感作用研究的奠基人。Whittaker 和 Feeny（1971）将植物产生并释放到环境中表现出化感效应的次生代谢产物（secondary metabolite）称为 allelochemic，后来统称为 allelochemical，即化感物质。再后来，植物之间相互促进生长及自毒现象也被纳入化感作用范畴[②]。另外，1986 年，美国密歇根州立大学教授 A. R Putnam 和夏威夷大学华裔学者 C S Tang 合编的《The Science of Allelopathy》亦是另一部化感作用研究的经典著作。1996 年，国际化感学会将化感作用定义为：植物、细菌、真菌以及藻类的次生代谢产物对农业以及自然生态系统生物的生长发育产生的影响[③]。近 50 年来，化学生态学已逐步建立了独立的学科体系，并愈来愈受到重视和不断取得进展。1975 年国际化学生态学会（international Society of Chemical Ecology，ISCE）成立，并正式出版会刊《Journal of Chemical Ecology》。化感作用

①　Weir T L，Park S W，Vivanco J M. Biochemical and physiological mechanisms mediated by allelo-chemicals [J]. Current Opinion in Plant Biology，2004，7（4）：472‐479.

②　Rice E L. Allelopathy‐An update [J]. The Botanical Review，1979，45（1）：15‐109. Rice E L. Allelopathy [M]. New York：Academic Press，1984：1‐267.

③　Dias L S，Pereira I P，Dias A S. Allelopathy，seed germination，weed control and bioassay meth-ods [J]. Allelopathy Journal，2016，37（1）：31‐40.

（Allelopathy）也是国际化学生态学会关注的主要研究领域之一。国际化感作用学会（International Alleopathy Society，IAS）于 1994 年成立，并于同年创办了学术刊物《Alleopathy Journal》，该期刊是世界上这一领域的唯一专业性杂志。

1400 多年前北魏时期学者贾思勰就在《齐民要术》一书中记载："慎勿于大豆地中杂种芝麻，扇地两损，而收菲薄。"[①] 这是对植物之间化感作用认识的雏形。国内关于化感作用真正的科学研究起步较晚，但发展迅速，已取得了丰硕的成果。中国化感作用研究始于我国台湾地区，周昌弘教授自 1966 年起开始从事化感作用研究，相关研究著作逾 300 篇。周昌弘教授团队对台湾地区包括野生稻在内的农作物、相思树等园林植物、牧草的化感作用包括连作障碍问题进行了研究[②]。2009 年，鉴于周昌弘教授对化感作用进行的大量研究并取得了卓有成效的成就，被国际化感作用基金会（International Allelopathy Foundation）授予终身成就奖（Life Time Achievements Award）。

化感作用研究热潮始于 20 世纪 90 年代，近年来更是取得了重要的研究进展，不仅研究成果数量增多，质量也显著提升，在生态学和植物学主流期刊发表的相关研究成果越来越多[③]。植物自毒作用是植物化感作用的一个细分领域，指某些植物可以通过地上部分淋溶，根系分泌物和植株残茬等途径释放一些物质对同茬或下茬同种或同科植物的生长产生抑制作用，是一种发生在种内的竞争抑制作用。植物自毒作用的研究是最近 30 年才开始的，早期对于自毒作用的机理研究还不够深入。最近几年，随着自毒作用研究方法和手段不断改进，自毒作用在连作障碍中的机制受到学者的重视。研究结果表明，自毒作用是导致植物连作障碍的主要因子之一[④]，植物自毒作用及化感作用研究已成为化学生态学最活跃的领域之一。植物自毒作用的研究领域涉及自然生态系统、森林生态系统、农业生态系统（如农作物、园艺作物、

---

① 李琦珂，惠富平 . 生物多样性视野中的中国传统农业科技 [J]. 科学管理研究，2012，30（4）：83 - 86.

② Chou C H，Yaw L K. Allelopathic research of subtropical vegetation in Taiwan. J Chem Ecol，1986，12（6）：1431 - 1447.

③ 孔垂华 . 中国植物化感作用研究 16 年 [J]. 应用生态学报，2020，31（7）：2139 - 2140.

④ 喻景权，杜尧舜 . 蔬菜设施栽培可持续发展中的连作障碍问题 [J]. 沈阳农业大学学报，2000（1）：124 - 126.

园林植物等）。研究内容包括自毒作用物质或化感物质的分离与鉴定、自毒作用的机理、研究方法与技术、克服对策等。

3 化感作用的机制

化感作用（Allelopathy）是植物在长期进化的过程中形成的一种适应机制，有利于保持本物种在空间和资源竞争中处于优势地位[①]。一个完整的化感作用应该满足以下条件：①表观上存在一种植物抑制另一种植物的现象；②存在抑制作用的植物必须能产生化学物质；③这些化学物质要能以一定的方式从植物体释放到周围环境中；④释放的化学物质在环境中必须达到一定的浓度；⑤这些化学物质能够作用于受体生物；⑥所观察到的抑制效应不是由于其他物理和生物因素，或竞争和捕食导致的[②]。

植物通过释放次生代谢产物即化感作用物质（Allelochemical）进入到周围生境中，抑制或者促进周围其他植物包括同种植物的生长发育。E L Rice 将化感物质分为 14 类，分别是水溶性有机酸、直链醇、脂肪族醛和醇、简单不饱和内酯、长链脂肪酸和多炔、萘醌、蒽醌以及复杂醌类、简单酚、苯甲酸及其衍生物、肉桂酸及其衍生物、单宁、萜烯和甾族化合物、氨基酸和多肽、生物碱和氰醇、硫化物和芥子油苷、嘌呤和核酸、香豆素以及类黄酮[③]。这些化感物质可以通过气体挥发、根系分泌、雨水淋溶以及枯落物分解 4 种主要的释放途径进入环境[④]，影响邻近植物生长，以确保自身获

① Farooq M，Jabran K，Cheema Z A，et al. The role of allelopathy in agricultural pest management [J]. Pest Management Science，2011，67（5）：493 – 506. Weir T L，Park S W，Vivanco J M. Biochemical and physiological mechanisms mediated by allelochemicals [J]. Current Opinion in Plant Biology，2004，7（4）：472 – 479.

② Willis R J. The historical basis of the concept of allelopathy [J]. Journal of the History of Biology，1985（18）：71 – 102. Willis R J. The history of allelopathy. The second phase (1900 – 1920). The era of S. U. Pickering and the USDA Bureau of Soils [J]. Allelopathy Journal，1997（4）：7 – 56.

③ Rice E L. Allelopathy [M]. New York：Academic Press，1984：1 – 267.

④ Zhang D J，Zhang J，Yang W Q，et al. Potential allelopathic effect of *Eucalyptus grandis* across a range of plantation ages [J]. Ecological Research，2010，25（1）：13 – 23. Oracz K，Bailly C，Gniazdowska A，et al. Induction of oxidative stress by sunflower phytotoxins in germinating mustard seeds [J]. Journal of Chemical Ecology，2007，33（2）：251 – 264.

得足够的资源和空间，保持种间竞争优势。

　　不同类别的化感物质在植物体内都有其独特的代谢途径，并在植物提高自身保护和生存竞争能力、协调与环境关系中充当重要角色。不同植物及同一植物的不同品种、同一品种的不同生育期及不同器官形成化感物质的数量及其种类均有所不同；光照、温度、周围的生物分布等外界环境条件的变化均会引起植物化感物质组成和含量的变化，目前这种诱导作用的机制仍存在很大的争议，一些假说试图从不同侧面解释次生代谢物的产生，如碳素/营养平衡（carbon/nutrient balance）假说①、生长/分化平衡（growth/differentiation balance）假说②、最佳防御（optimum defense）假说③、资源获得（resource availability）假说④等。4 种假说各有合理的地方，从不同角度阐述了植物体内次生代谢物质的产生原因，但是也存在明显的不足甚至相反结论的证据和争议。植物生长在自然界中，会遇到各种各样的环境变化，而不同的变化可能适用不同的假说来解释。植物化感作用研究经过近百年的发展壮大，对阐释以植物为中心的生态系统的化学作用关系以及生态系统构建具有积极意义。然而，植物化感作用是生态系统中自然化学调控机制之一，是植物对环境适应的一种化学响应，其在生态系统中的作用机制还需要进一步深入研究。

4　国内外化感作用研究的主要进展

4.1　农业生态系统

　　研究显示，农作物间的化感作用是建立合理的套作、间作制度的科学依据。有效地利用化感作用，降低作物之间的负效应并控制田间杂草，研究农

---

① Bryant，Bryant J P，Chapin F S Ⅲ，Klein D R. Carbon/nutrient balance of boreal plants in relation to vertebrate herbivory. Oikos，1983（40）：357 - 368.

② Wareing and Phillips. Wareing P F，Phillips I D J. Growth and different in plants. 3rd ed. Oxford：Pergamon Press，1981：481 - 499.

③ Bazzaz et al. Bazzaz F A，Nona R C，Coley P D，et al. Allocating resources to reproduction and defense. Bioscience，1987（37）：58 - 67. Chapin and Arnold. Chapin F S Ⅲ，Arnold J B，Christopher B F，et al. Plant response to multiple environmental factors［J］. Bioscience，1987（37）：49 - 77.

④ Chapin and Arnold. Chapin F S Ⅲ，Arnold J B，Christopher B F，et al. Plant response to multiple environmental factors. Bioscience，1987（37）：49 - 77. Coley et al. Coley P D，Brant J P，Chapin F S Ⅲ. Resource availability and plant antiherbivore defense［J］. Science，1985（230）：895 - 899.

作物之间的化感作用，提高作物的产量、质量及单位面积土地的产出率是生态可持续农业的重要研究课题。研究发现，在豆科、禾本科、菊科、茄科等多个科发现了具有化感潜势的植物并分别鉴定出了酚酸类、萜类、生物碱类等十几类化感物质，化感物质多以自然挥发、雨雾淋溶、根系分泌、残渣分解等方式进入周围环境并对受体发生促进或者抑制效应。学者一致认为，应当充分考虑确定各农作物之间的化感作用（是促进作用还是抑制作用），来合理安排轮作制度，避免抑制作用的发生。

在农业生态系统中，化感作用已被用于农作物增产及植物害虫和杂草的控制。随着可持续农业实践的发展，利用一些重要农作物的化感作用特性控制农田杂草已成为本学科的研究重点和主要的研究领域。植物产生的化感物质被直接用于除草和杀虫，或为新型除草剂、杀虫剂的研制提供化学结构等相关信息。化感作用在作物轮作、残体覆盖、培育新型抗虫害农作物、控制土壤病害、改良土壤肥力和性状以及解决自毒作用导致的再植问题等方面也有广泛的应用。

4.2　森林生态系统

研究发现，森林生态系统普遍存在着化感作用现象，它对森林群落的结构、功能、效益及生态演替均有重大影响，是森林生态系统生态演替的驱动力之一。近年来国内研究报道较多的杉木、桉树等人工速生丰产林连栽引起地力衰退、生产力下降等林业生态系统中的化感作用研究也取得了丰硕成果，并广泛用于混交林的树种间作优化以预防林木病虫害，提高林产品产量和质量（陶燕铎等，1992；Reigosa and González，2006；王洁，2006）。黑杉林的再生困难是由于山月桂（*Kalmia latifolia* L.）产生的大量酚酸类化感物质造成的。桉树（*Eucalyptus* spp.）林下植物稀少的原因一直备受关注，问题也较复杂，有人类干扰、竞争、化感作用等。Wills 指出，化感作用是重要原因之一。尤其在新引种桉树的地区，当地其他植物由于与它没有足够时间的协同进化，不能适应桉树的化感作用而不能在林下生长。

在林业上，近年来国内外学者已经着手研究病虫害诱导的树木抗虫性，即生物胁迫发生时，树木体内会产生抵抗这些不良作用的化感活性物质。根据这一结果，可以进一步研究森林植物化感物质对农林业虫害、病害、杂草的防除，即天然产物杀虫剂和除草剂的研究、开发与应用，这将成为 21 世纪化感作用这一研究领域在林业中的重大突破。

5　作物化感作用研究的意义及其农业生产应用途径

印度学者 Narwal S. S. 指出，化感作用研究主要有三大作用，即提高粮食作物、蔬菜、水果和森林系统的生产力；减少现代农业生产的负面效应，包括多熟种植作物间的负作用、植物养分的流失和农药不合理使用造成的环境污染；为子孙后代保留未受污染的自然环境和具有高生产能力的土地资源。作物化感作用农业生产应用途径主要有 3 个方面：一是确立作物之间存在的化感作用关系，在作物栽培、人工造林等方面合理规划，设计出有效的作物间、套、混作种植模式，尽可能避免化感作用的有害影响。如大棚种植反季节蔬菜时应考虑挥发物的存在；水培种植方式中应考虑根系分泌物的作用；大豆的连作障碍；水稻茬口；人工林衰退及茶园老化等问题。尽可能利用化感作用的正面效应，如对杂草和病虫害有抑制作用的作物可以进行秸秆还田；利用具有强烈化感作用的草本植物实行"以草治草"策略；利用膨蜞菊的化感作用与耐阴性使之成为绿化工程中的林下覆盖物；柑橘园种植胜红蓟不但抑制红蜘蛛发生数量，而且可抑制其他杂草生长，收割后压青可作绿肥；通过筛选，在田间种植一些"伴生植物"等。二是通过对化感作用物质的提取、分离和鉴定，模拟其结构，可开发出拟天然选择性杀虫剂和除草剂，减少化学农药的大量使用。由于生物途径合成的天然除草剂具有低毒高效、易于吸收和降解且作用对象专一等特点，可减轻农业生产对环境的压力，降低农作物中化学农药残留量，有助于发展生态农业，实现可持续发展。这方面已有成功合成生物农药的范例，如由振国以沙漠植物产生的化感物质 1，8-桉树脑为前导体，研制成功新型内吸性除草剂仙治已应用于水稻、花生、大豆、棉花等作物。藤井义晴等根据棉花根系分泌物独脚金萌发素合成的独脚金酚已应用于防除大豆、花生、玉米、甘蔗田的寄生性杂草独脚金。三是在明确控制作物化感作用的遗传行为和机制后，可利用生物技术和基因工程手段，将控制化感性状的基因导入丰产优质作物品种基因组中，培育出既能实现高产优质高效，又能在田间条件下自动抑制杂草和病虫害的优良作物品种。目前培育抗草作物品种的研究工作尚处于起步阶段，Dilday R. H. 通过研究推测，水稻基因组中控制作物产量和其他一些优良性状的基因与控制化感作用的基因之间连锁关系较弱，这为培育高产优质强化感作用的水稻品种创造了条件。

6 作物化感作用研究面临的困难及发展前景

化感作用研究的应用潜力很大，但由于其整个过程的复杂性，其研究尚存在许多困难，Bansal G. L. 将化感作用研究面临的困难归结为七大挑战：①化感作用物质从植物体分泌之后以多种方式移动，可能因物理过程和化学过程发生变化，还会受到土壤微生物的作用，因此难以分辨化学物质的作用是原初的还是受作用之后的结果。②室内研究结果转移到大田中十分困难，因为大田中面临各种复杂环境因子的干扰作用。③化感物质除具有化感功能外，还有其他多方面的作用，将这种专一效应与所有非专一效应完全区分清楚是很困难的。供体植物产生的许多化学物质尽管具有化感作用，但其主要用途却不在于此。如许多植物根系分泌的草酸等物质，主要用于吸收土壤中的无机营养或络合微量元素，而不是抑制邻近植物的生长，若按目前化感作用的研究方法将这些酸类物质作用于受试植物证明其化感作用的存在显然是不科学的，因为大多数酸类和碱类物质在一定浓度下都能抑制植物的生长。④作物自毒现象普遍存在，许多对杂草具有抑制作用的作物，对其本身也有毒害作用，这就限制了作物化感作用优势的全面发挥和深入应用。⑤作物生长发育不同阶段产生化感物质的数量和质量存在差异，缺乏恰当的实验方法确定和控制化感物质发生作用的临界水平（阈值），只有在合适的浓度下化感物质才会产生最佳的抑制杂草效果，而在其他浓度下效果较差，有些浓度水平下甚至表现出促进作用，难以在其他各种化学物质存在的情况下，确定出化感作用物质。⑥生化化感作用具有隐蔽性和多态性，隐蔽性即化感作用、竞争作用和微生物作用交织存在，植物间的负相互效应除通过化感作用产生外，还可通过资源竞争、潜在的有机生物（如病原物、食草动物等）实现，很多时候各种干扰机制是经累加而起作用的。⑦化感作用受环境条件和基因型的影响很大，这种隐蔽性和多态性以及化感物质种类繁多且作用机制不尽相同等因素都给作物化感作用的研究增加了难度。

化感作用是一个较新的研究领域，以往开展的各项研究仍需全面深入进行，且有些方面研究应着重探讨。Rice E L 曾提出化感作用研究的八大方向，根据已有的研究经验和成果，化感作用未来的研究重点是继续寻求作物分泌的化感物质，验证某些植物次生代谢物质是否具有专一的化感特性。化感物质的全部移动途径为产生、释放、转移、吸收、作用，未来的研究中需采用放射性同位素标记方法追踪化感物质由供体植物产生并最终作用于受体植物的整个过程。分离鉴定出化感物质之后，测定计算供体作物能够提供的化感物质浓度、化感物质作用的有效浓度和临界浓度。目前已有的研究仅限于用单一的化感物质作用于受试植物，而在自然条件下许多化学物质混合之后的作用有很大变化。需加强研究化感物质释放后在环境中发生的变化和所受影响。在紫外线辐射增强、气温逐渐升高、二氧化碳浓度日趋增高的全球生态环境下，化感作用的研究将日趋复杂。化感物质作用机制的研究尚浅显，若能彻底揭示化感物质的主要作用和一系列次要作用，这将有助于全面理解化感作用现象。全面深入地研究化感作用的遗传基础，对控制化感性状的基因进行基因定位，找到其主效基因和辅助基因，并探索控制化感作用的基因与控制其他优良性状的基因的连锁关系，可为培育高产优质、强化感作用的作物新品种奠定基础。总之，化感作用是农作系统内一个古老且有崭新意义的研究领域，近 80 年来的研究已取得一系列可喜的成绩，但仍存在许多问题，这些问题的最终解决仅靠传统农业知识是远远不够的，必须同生态学、分子生物学、遗传学、农药学、土壤学等学科合作，进行跨学科攻关，才能挖掘化感作用的内在潜力，更好地服务于农业生产实践。

化感作用物质几乎包括所有的次生代谢物质类别，而昆虫的信息素的化学物质的种类主要是挥发性物质，信息源、通道和接收器都比化感作用简单得多，这使得化感作用研究起来更加困难，研究方法较复杂。生态学家和农学家们往往缺乏扎实的有机化学基础，而弄清楚植物产生什么化学物质和如何产生这些物质对化感作用研究至关重要。化学家们又往往缺乏生态学和农学、植物学方面的知识。所以，只有多学科领域的科学家们共同努力才能攻破化感作用研究难题。

第 2 章
我国菊科主要园艺植物的化感作用

　　菊科中的绝大多数为草本植物，也有半灌木、灌木，极个别是乔木或藤本植物。菊科对环境的适应性极强，分布十分广泛。除南极外，从热带、亚热带到温带的山地、高纬度地区，世界各地都散布着菊科植物的身影。菊科是植物界中分布最广、种类最多的一个科。早在公元 77 年，罗马科学家 Pliny 就描述过黑胡桃 (*Juglans nigra* L.) 对邻近植物的毒害作用现象。1937 年，德国科学家 Molish 首次把这种现象称为化感作用 (allelopathy)[①]，英文 allelopathy 源于希腊语 allelon（相互）和 pathos（损害、妨碍），用来描述植物（含微生物）之间生物化学物质的相互作用。随后，Rice 于 1974 年在其著作中将化感作用定义为植物和微生物通过向周围环境中释放化学物质影响邻近植物和微生物所产生的直接或间接伤害作用[②]，并在 1984 年的再版中将有益作用添加到化感定义中[③]。

　　菊科不仅是双子叶植物中最大和引种最成功的科之一，而且也是入侵种类最多的类群之一（Wu and Wang，2005；朱世新等，2005）。由于菊科植物在繁殖上所具有的一些特点，如有效的扩散机制、良好的集群能力以及不需要专化传粉者等，再加上很多菊科植物都有化感作用的潜势，致使其快速蔓延，成为入侵植物最多的类群之一。对国内植物入侵种数量的统计表明，每 4 个入侵植物中就有 1 个属于菊科（徐海根和强胜，2004；万方浩等，

---

　　① Molish H. Der Einfluss einer flanze auf die andere – allelopathie [M]. Germany：Fischer Jena，1937：13.

　　② Rice E L. Allelopathy [M]. New York，Academic Press，1974.

　　③ Rice E L. Allelopathy (Second Edition) [M]. New York，Academic Press，INC，1984.

2005)。

连作障碍,是指连续在同一土壤上栽培同种作物或近缘作物引起的作物生长发育异常现象。连作障碍广泛地存在于蔬菜、果实、花卉等园林植物的设施栽培生产中。症状一般为生长发育不良,产量、品质下降,极端情况下,局部死苗、不发苗或发苗不旺;多数受害植物根系发生褐变,分枝减少,活力低下,分布范围狭小,导致吸收水分、养分的能力下降。连作障碍一般以生长初期明显,后期常可不同程度地恢复。连作障碍在植物科属间存在显著的差异,其中菊科植物的连作障碍现象有广泛的报道。连作障碍的发生有多种原因,包括养分过度消耗、土壤理化性质恶化、病虫害增加和有毒物质(包括化感物质等)的累积等。它的发生受各种环境条件的影响,连作的次数(一般连作次数越多,年限越长,连作障碍越重)、土壤性质(通常黏土重于砂土,保护地栽培多于露地栽培)及后作水肥管理不当都会加重障碍。

近年来,国内外市场对菊科植物的需求量日益增加,使得菊科园艺作物种植模式向集约化、规模化快速转变,导致连作障碍日益凸显。连作障碍导致菊科园艺作物品质下降,植株矮小,大面积减产,甚至导致绝收。连作障碍已严重制约我国菊科园艺作物产业的可持续发展,成为亟待解决的产业难题。

1 菊花

菊花〔*Chrysanthemum morifolium*(Ramat.)Kitamura〕是菊科菊属多年生草本植物。高 60~150cm。茎直立,分枝或不分枝,被柔毛。叶互生,有短柄,叶片卵形至披针形,长 5~15cm,羽状浅裂或半裂,基部楔形,下面被白色短柔毛,边缘有粗大锯齿或深裂,基部楔形,有柄。头状花序单生或数个集生于茎枝顶端,直径 2.5~20cm,大小不一,因品种不同,差别很大。总苞片多层,外层绿色,条形,边缘膜质,外面被柔毛;舌状花,花色则有红、黄、白、橙、紫、粉红、暗红等各色。培育的品种极多,头状花序多变化,形色各异,形状因品种而有单瓣、平瓣、匙瓣等多种类型,当中为管状花,常全部特化成各式舌状花;花期 9—11 月。雄蕊、雌蕊和果实多不发育。

菊花原产于中国。8 世纪前后，菊经朝鲜传到日本，17 世纪末叶荷兰商人将中国菊花引入欧洲，18 世纪传入法国，19 世纪中期引入北美，此后中国菊花遍及全球。菊花遍布中国各城镇与农村，尤以北京、南京、上海、杭州、青岛、天津、开封、武汉、成都、长沙、湘潭、西安、沈阳、广州、中山等为盛。

菊花是世界四大切花之一、花中四君子，亦是我国十大传统名花，在我国有 3 000 多年的栽培和应用历史，具有深厚的文化底蕴，是中国传统文化的重要载体之一。菊花在中国文化中，被赋予了吉祥、长寿、清雅、高洁等寓意。我国菊花流传至世界各地后受到普遍欢迎，逐步发展成为世界四大切花之一，具有极高的经济价值和观赏价值。随着社会发展，菊花在现代生活中的观赏价值、食用价值和药用价值得到进一步提升，菊花的经济效益、社会效益和生态效益日益凸显，在优化农业产业结构、促进城乡统筹发展、美丽乡村建设以及提高人民生活质量等方面发挥着极大的作用。

在我国十大传统名花中，菊花种植范围最广。菊花以其悠久的栽培历史、深厚而独特的菊花文化、丰富的种质资源、丰富多彩的花色、千姿百态的花型（30 多种花型）、多种多样的栽培应用形式（在现有的花卉中菊花栽培应用形式最多，有案头菊、独本菊、多头菊、大立菊、悬崖菊、塔菊、盆景菊、多种造型艺菊等），较长的花期以及广泛的用途（食用、药用、饮用、酿用、切花用、造型布景用、园林绿化用等）而深受广大人民群众的喜爱。随着人们生活水平的提高，人们在日常生活中对菊花的需求及应用也越来越广泛，各种会议会场布置、室内植物装饰等，菊花都充当良好的植物材料。此外，菊花还是北京、开封、太原、中山、南通、湘潭等诸多城市的市花，是城市环境美化及城市文明程度的重要标志。此外，菊花繁殖简单，生产周期短，应用多样，产业链长，产品丰富，是一二三产业融合发展的代表性花卉，在实施乡村振兴战略和农业产业结构调整过程中扮演着重要的角色。

1.1　切花菊生产现状

菊花现已被世界园艺统筹协会（UBM）、世界园农组织（UPA）列为全球性最具潜力花卉，世界"四大切花"之首，可周年生产及供应。菊花具有生长的普遍适应性和较强抗逆性，耐寒耐贫瘠、耐热喜凉，应用地域广，北到黑龙江、西藏、新疆，南到海南、云南，全国不同气候区都适宜栽培。随着国际和国内市场对切花菊的需求量逐年增加，菊花栽培面积在荷兰、意大利和日本等主要花卉生产国都占有较大比重，在我国的栽培面积也逐年提升，尤以北京、南京、上海、杭州、青岛、天津、开封、武汉、成都、长沙、湘潭、西安、沈阳、广州、中山、滁州等为盛。根据《2019—2025 年中国菊花行业市场发展模式调研及投资趋势分析研究报告》报道，2011—2017 年，我国切花菊产量已由 21.85 亿枝快速增长至 27.84 亿枝，同比增长 27.41%；且 2011—2017 年，我国切花菊行业市场规模从 6.35 亿元增长至 14.41 亿元，同比增长 126.93%，实现重大的突破。目前国内鲜切花总供应量在 100 亿支左右，其中菊花切花占 30% 左右。据农业农村部 2017 年统计，我国菊花种植面积约 7 520.5 万公顷，其中切花菊生产面积约 10 万亩，年产量和产值分别达 27.84 亿枝和 20 亿元。全国用于园林、庭院、主题菊展的盆栽菊生产种植面积约 3 万亩，产值约 6 亿元；用于茶、药、食用的菊花种植面积约 50 万亩，产值约 40 亿元。尤其值得关注的是彩色菊花市场，从 2017 年开始，市场规模处于突飞猛进的增长状态。2022 年全年菊花产量达到 2 亿株，其中 1.3 亿株来自云南，8 000 万株由云南之外的辽宁凌源、北京、江苏连云港、山东日照和寿光、福建厦门、广东广州和海南东方等地生产，另外还有极少量特殊品种的进口菊花切花，主要来自越南和荷兰。对于彩色菊花的消费市场，其中 95% 是多头菊（包括多头小菊），5% 是单头彩菊市场，包括乒乓菊、烟花菊和各种染色菊花类。这几年，单头彩菊消费市场增长越来越快，预计未来可占到总市场的 10%～20%。

1.2 药（食）用菊生产现状

1.2.1 全国

我国药用菊花现有 8 个产区，长江以南产区的杭白菊、贡菊是以饮用为主，而长江以北产区的滁菊、亳菊、济菊、祁菊、怀菊均以药用为主。目前，在诸多产地所产的药用菊花中，被公认为地道药材的为亳菊、滁菊、贡菊和杭菊。据《中华大辞典》载："白菊主产安徽亳县，称亳菊，品质最佳。"《中药志》称亳菊花、滁菊花在药菊中品质最佳。《中华本草》也称亳菊和滁菊品质最优。经过医药专家 20 多年对菊花的调查研究证明，亳菊的栽培历史最悠久，淮河以北的药用菊花均与亳菊有亲缘关系，如山东的济菊，是在清朝时引自亳州；据 1936 年赵橘黄先生所著的《祁州药志》介绍，祁菊也是移自亳菊或怀菊。

怀菊：怀菊花是四大怀药之一，主要产自中国河南沁阳（怀庆）、博爱、武陆、温县一带，是药用菊花的地道产地，是菊花家族中药用功效最为出色的代表。目前主要栽培区域有沁阳、博爱、修武、温县、孟州、武陟。怀菊形态特征与亳菊完全一致，也有专家认为是引自安徽亳州。

亳菊：亳菊主要生长在素有"中华药都"之称的安徽省亳州市涡河流域，是被《中国药典》收录的亳芍、亳菊、亳桑皮、亳花粉四味中药材之一。花朵较松，容易散瓣是亳菊的重要特点之一。主要栽培区域在谯城区、涡阳，栽培面积 18 万亩左右。1760 年《百草镜》载有亳州产白色的菊花，据此，亳菊栽培至少有 260 年。亳菊产地在亳州东南沿涡河两岸。20 世纪 90 年代后，亳菊集中分布在亳州辛集、大寺一带。

滁菊：滁菊主要产于滁州，是菊花中花瓣最为紧密的一种，1862 年《木草害利》就有记载，可见滁菊出名至少有 160 年的历史。新中国成立前，滁菊的主产地在安徽的滁县、定远一带，新中国成立初，全椒的复兴、西王盛行栽种滁菊，随之主产区又南移至马厂、三合一带。20 世纪 60 年代全椒的滁菊产量超过了滁县，以后全椒一直是滁菊的主产区。2002 年获得中国国家地理标志产品，保护地范围包括滁州市南谯区全境的 8 个乡镇和全椒县复兴、马厂、石沛、周岗、西王、管坝等 6 个乡镇，共计 14 个乡镇，栽培面积约 5 万亩。

济菊：产于山东嘉祥县，又称嘉菊，以前通过济宁经运河运往外地，所以称为"济菊"，主产地在嘉祥县南部马集、纸坊一带。据调查，嘉菊是清朝时从亳州引种，经过长期栽培，成为地道药材。之后面积逐渐萎缩，现不足 1 万亩。

祁菊：祁菊花为河北省保定市安国市特产，全国农产品地理标志产品。地域保护范围分布在保定市安国市的伍仁桥镇、郑章镇、大五女镇、西城镇、明官店乡、北段村乡、药都街道、南娄底乡、祁州路街道、石佛镇、西佛落镇共 11 个乡镇（办事处），198 个自然行政村。主要保护面积 20 万亩，种植面积 1.5 万亩，年产量 2 500 吨。

川菊：川菊主产于四川中江，近年来已经失种。

杭菊：杭白菊又称甘菊，是我国传统的栽培药用植物，是浙江省八大名药材"浙八味"之一，也是菊花茶中最好的一个品种。典型特征：朵大瓣宽，白色或黄白色，中心黄色，气清香、味甘微苦，特别适合居家做茶饮用。杭菊为中国国家地理标志产品，浙江桐乡市特产。栽培面积约 5 万亩，年产干花 5 000 吨。

贡菊：贡菊又称徽菊，是作为茶菊发展起来的，产于安徽歙县。贡菊于清光绪二十二年（1896 年）由徽商从浙江德清引入，后逐渐形成了具有特色的道地药材。主产区为歙县和休宁，种植面积约 5.6 万亩。

1.2.2　河南

1.2.2.1　河南开封——汴菊

河南开封古称大梁、汴梁、东京、汴京，位于河南省东部中原，气候和土壤条件都十分适宜菊花生长，故开封菊花也被称为"汴菊"。开封菊花栽培历史悠久，积淀了深厚的养菊赏菊文化，自古以来爱菊、种菊、赏菊、斗菊、咏菊之风盛行，使开封享有"菊城"之盛名。早在战国时期开封就有菊花种植，唐代随着开封的复兴，菊花已经被广泛种植和观赏。北宋时期，开封菊花进入了发展高潮，中国第一部《菊谱》在宋代问世。北宋东京的重阳菊会开创了我国菊花花会的先河。开封作为都城，菊花种植和观赏进入鼎盛时期，无论是品种、数量还是栽培技艺，都有了很大突破。如今，菊花的数量、品种、栽培技术不断提高。开封菊花不但花朵肥大、色泽纯正，而且高矮适度，有 2 390 多个品种。菊花作为开封的市花，在开封源远流长的养菊、赏菊、品菊、咏菊、画菊的传统中，菊花不断融入人类的生活与文化之中，从而形成了一种与菊花相关的文化现象和以菊花为中心的文化体系——菊花文化。开封被命名为"中国菊花名城"，菊花已经成为开封一张亮丽的名片。开封菊花栽培技艺也在 2010 年被列入该市非物质文化遗产名录，中国地理标志产品（农产品地理标志、农产品地理证明商标）。1983 年 5 月开封市人大常委会决定命名菊花为开封市花，定期举办中国开封菊花文化节，至今已经成功举办 39 届菊花花会，开封菊花在全国菊展和世博会菊花赛事中获得众多殊荣，赢得了"开封菊花甲天下"的美誉。

开封市地处黄淮平原，地质结构为第四纪沉降地层，地势由西北向东南倾斜，平均海拔80m。土质以两合土、砂壤土为主，约占75%，风沙土、盐碱土约占11%，pH7～8，土壤肥沃，西北部多沙丘。开封市属于大陆性季风气候，四季分明，年平均气温14℃，年湿润系数0.7～1.0，年降水量634mm，无霜期187d，夏秋以东南风为主，冬春以东北风为主。平均风速4.5m/s；多年平均蒸发量1 925.3mm。相对湿度79%，最大冻土层深度29cm。地下水资源丰富，气候土壤条件适宜菊花生长。开封菊花品种多样、造型丰富、株型丰满匀称、花头整齐、花朵均匀、叶子深绿肥厚、花色姹紫嫣红、花姿千姿百态。开封菊花具有生长健壮无病虫害、株型均匀一致、花大色艳、品种丰富。2009年7月14日，农业部正式批准对"开封菊花"实施农产品地理标志登记保护。2022年，开封菊花种植面积达1 432hm²，年产值超6亿元，菊花相关企业59家，年销售额千万元以上企业为15家。开封市已经成为中国重要的菊花生产基地，菊花规模化、产业化稳步发展，对菊花的食用、药用、饮用、酿用等功能进行开发，形成了以艺菊、造型菊、盆栽菊、茶用菊、药用菊为主的产品结构，构建了"企业＋农户""银行＋企业＋合作社＋农户"等产业模式，初步形成了菊花种植、观赏、加工、销售的产业链条。

1.2.2.2 河南焦作——怀菊花

菊花作为药用，以产于河南焦作（古怀庆府，今河南省沁阳市）一带的怀菊花最为珍贵、最为有名。主要栽培区域有博爱、沁阳、修武、温县、孟州、武陟，其中温县400hm²，孟州2 000hm²，武陟800hm²。我国最早的药物学经典《神农本草经》，把"覃怀地"（怀川）所产的山药（薯蓣）、地黄、牛膝、菊花都列为上品。之后历代医药名家由表入里、去粗取精中进一步发现了四大怀药的优秀原始本性。张仲景的《伤寒论》、陶弘景的《名医别录》、孙思邈的《备急千金要方》、苏颂的《图经本草》、龚廷贤的《寿世保元》、李时珍的《本草纲目》、张锡纯的《医学衷中参西录》，以及《本经》《药性类明》《汤液本草》《伤寒蕴要》《得配本草》《本经逢原》《儒门事亲》《食疗本草》《百一选方》《圣惠方》《普济方》《医经溯洄集》《本草正》等历代中药典籍中都有记载，叶天士、董建华、王永炎、姜良铎等中医名家，都对四大怀药作出了极为精到的评价，每每言及四大怀药的神奇效用与效力，言必褒誉有加。

焦作怀菊花的栽培历史悠久，早在唐朝就有对怀菊花的种植历史的记载。焦作得天独厚的土壤条件、水源状况和气候环境，孕育出了品质优良的怀菊花。焦作沁阳市位于太行山与黄河之间的狭长冲积平原，土地丰饶且富含矿物质元素，加之山地特殊的海拔、光热、水文等因素，栽植的菊花药性远远优于其他产地，不但有清香之气，使人神怡，而且可缓解两眼昏花、头晕、头痛等不适，有清热、解毒、祛风、平肝、明目等功效。怀菊花泡的菊花茶有四香，花香、菊香、药香、蜜香，香味甘甜、醇厚、回味无穷。千百年来怀菊花以其独特的药效和滋补作用蜚声海内外，历代中药典籍都给予了高度评价。宋代医学家苏颂曰："菊花处处有之，以覃地为佳"。

1.2.2.3　河南巩义——小相野菊

小相野菊也叫山菊花，是野生菊花的一个优良品种，外在形态和普通的野生菊花十分相近。小相野菊为多年生草本，最高可达 200cm 左右，根茎细长，分枝，有长或短的地下匍匐枝，茎直立或基部铺展，上部多分枝。叶互生，状如三角形，长 3～9cm，裂片边缘有锯齿，两面有毛，下面较密，上部叶渐小。头状花序直径 2～2.5cm，排成聚伞状；总苞半球形，边缘膜质，外层椭圆形；花小，金黄色，边缘舌状，花期为 9—10 月，阴凉处花期可以延长到 11 月。小相野菊作为巩义市的特产，为国家地理标志产品，获批为地理标志产品，小相野菊农产品地理标志地域保护范围为：东经 112°84′72″～112°90′67″，北纬 34°55′64″～34°61′12″。

小相野菊原产于巩义市鲁庄镇小相村，面积 200hm²，年产量 600t。小相野菊种植区内气候四季明显，日照充足，地势东高西低，黄土地质深厚，土壤肥沃，水保措施好，生态环境佳，土、光、热、雨等生态条件的变化规律与菊花生长发育规律相吻合，极其适合菊花生长，是生产优质无污染农产品最理想的地域。小相野菊芳香浓郁，口感甘而不涩，是一款集香气与口感为一体的优质菊花茶。"稽含小相菊花织佳景，巍巍嵩岳天铸成，风和日丽长相宜，小相菊花传美誉"。这是对小相野菊独特的地质和原生态环境最好的写照。2015 年第 22 届上海国际茶文化旅游节上，巩义市鲁庄镇境内出产的小相野菊花作为北方茶的代表，与天台山双溪云雾茶、武夷山肉桂茶一道，夺得仅有的三个"中国名优茶"特优金奖，这也是小相野菊花产业化发展以来获得的最高荣誉。小相野菊作为我国北方唯一可食用的甜菊花，近年来先后荣获"河南省'十二五'最具潜力品牌""河南省无公害农产品"等荣誉，是巩义市首个通过"国家地理标志"认证的农产品。巩义市鲁庄镇赵城村在当地政府的大力支持下，充分发挥当地资源优势，制定出以果林与野菊套种为龙头，打造集森林乡村、特色种植、休闲观光农业、文化旅游于一体的现代化乡村规划，创建生态美、环境美、文化美、有产业支撑的宜居宜业美丽乡村，极大地推动了乡村振兴战略的实施，取得了显著的成效。

1.2.2.4　河南林州——太行菊

林州市茶店镇，位于林州市南部 32km 处的偏僻山区，北与原康镇、桂林镇接壤，西与辉县市毗邻，东、南与临淇镇相连，228 省道贯穿南北，交通条件便利，区位优势明显。全镇辖区总面积 94.03km^2，10 754 户，3.57万人，耕地面积 1 733hm^2。菊花种植是茶店镇农民增收致富的支柱产业和优势产业，在茶马古道两侧、镇区周边、西峪贝村、东山、西山等片区，种植大洋菊、小洋菊、北京菊、金丝菊、苏北菊、药菊等 15 个菊花品种，种植面积达 800hm^2，其中集中连片种植 300hm^2。茶店镇已成为全国最大的"太行菊"种植基地，是名副其实的"中国菊花之乡"。2016 年，太行菊获得国家地理标志认证和"林州茶店太行菊"国家地理标志证明商标；2020年，茶店太行菊被评为河南省知名农产品。茶店镇从事菊花产业生产的农户占全镇农户的 75％左右。菊花产业产值占全镇农业总产值的 60％，已经形成了"研发中心＋龙头企业＋基地＋农户"的发展模式。该发展模式有两个突出的特色：①政府支持引导。为了有效保障菊花产业发展，茶店镇专门成立了菊花产业发展指挥部，由镇主要领导亲自挂帅，统筹推进菊花产业规划和全镇菊花产业链发展。为鼓励菊花种植，茶店镇实行奖补政策，集中连片的菊花田每亩奖补 500 元，大大提高了农民的种植热情。对各村集中种植的菊花，由镇太行菊种植龙头企业实行保底收购价收购，打消了村民们菊花销售的后顾之忧。②创新种植模式。茶店镇在总结往年菊花种植经验的基础上，对菊花种植形式进行了创新，采取果树间作和菊花园大面积种植相结合、公司＋农户、大户种植和村集体种植管理相结合的形式，有效推动了全镇农业结构调整，增强了群众增收致富的信心。

河南林州菊花种植面积达 130 余 hm² 远销澳大利亚、意大利以及东南亚国家。近年来，河南省林州市以太行菊特色农业产业为龙头，种植大洋菊、小洋菊、金丝菊、药菊等 10 余个品种，形成了"研发中心＋龙头企业＋基地＋农户"及联种联产联销的菊花产业模式。

设施栽培成为了菊花产业升级的下一个方向。然而，随着菊花设施栽培面积的不断增加，设施土壤在持续利用的情况下，连作障碍日益凸显。连作易导致土壤环境结构恶化、营养元素比例失衡或缺失、根系有害分泌物不断积累、根系活力降低、土壤次生盐碱化、有益微生物减少，使病原菌在植株根际占据有利的生态位，进而造成植株矮化、叶片腐烂、花型畸变，严重影响菊花品质，降低菊花观赏价值和经济价值（高子勤等，1998；刘晓珍等，2012）。可见，连作障碍已成为菊花产业发展的严重障碍。解析菊花连作障碍产生机理及其解决办法，对菊花的专业化、商品化、设施化发展，对加快实施乡村振兴战略具有重要的现实意义。

2　向日葵

向日葵（*Helianthus annuus* L.）是菊科向日葵属草本植物（图 2-1）。向日葵是美洲原住民在史前种植的几种植物之一，16 世纪末 17 世纪初，西班牙人或荷兰人把向日葵种子传播到南洋一带，又从越南传到中国的云南，然后逐渐从西南往北方传播。目前，向日葵已成为我国主要油料作物之一，主要分布在中国东北三省和新疆、内蒙古、山西、宁夏、甘肃等 20 多个省份。近 20 年来，我国向日葵种植面积经历了缩减、恢复、再萎缩的阶段，随着技术进步带动单产和总产增加，区域集中度不断提高。2000—2018 年，向日葵种植规模从 122.9 万 hm² 波动下降至 92.1 万 hm²，向日葵单产增长了 70.3%，达到 2 707kg/hm²。向日葵总产增加了 27.6%，达到 249.42 万 t。目前，内蒙古、新疆是向日葵两大主产区，产量占比分别为 59.16% 和 16.43%，东北三省也占有重要的份额。随着我国居民收入水平提高和健康消费意识提升，消费者对多元化、优质化食品和油脂的消费需求进一步增加，向日葵作为食用葵花籽休闲产品和优质食用植物油的重要原料来源，消费总量将继续增加。资源约束条件下，向日葵种植面积大幅增长的空间十分有限。未来随着我国向日葵育种研发和田间栽培管理技术不断取得进展，向日葵单产有望继续提高，产能持续提升。近年来，向日葵产业在助力我国贫困地区农民增收致富方面发挥了重要作用。

图 2-1　向日葵

但是，近年来随着向日葵产业的快速发展，由于大田种植作物种类单一，向日葵连作和秸秆还田不仅会使向日葵主产区土壤养分特别是钾元素过度消耗，而且由于向日葵病害都是从土壤传播的，连作会加剧与向日葵伴生的寄生性杂草列当 [*Orobanche cernua* var. *cumana* (Wallroth) Beck]、向日葵菌核病 [*Sclerotinia sclerotiorum* (Lib.) de Bary]、向日葵螟 (*Homeosoman nebulella* Huhner)、黄萎病等病虫草害为害，给向日葵产业发展带来极大影响。

研究表明，至少要实行 3 年的轮作。轮作可减轻和抑制病虫害的发生，减轻杂草和寄生草的为害，避免土壤养分失衡。内蒙古巴彦淖尔市向日葵种植面积占全国的三成，2014 年，该市向日葵列当发生危害面积达 20 余万亩[①]，受害区普遍减产 30%～40%。该市实行小麦、玉米等粮食作物与向日葵等经济作物轮作，努力扩大小麦和玉米种植面积，形成合理的轮作模式，可充分挖掘特色高效经济作物生产潜力，持续提升耕地质量水平，着力缓解向日葵连作障碍，控制向日葵列当。通过不同作物轮作，改变重茬，减轻土传病虫害，改善土壤物理和养分状况。

---

① 亩为非法定计量单位，1 亩≈667m²，下同

3　非洲菊

非洲菊（*Gerbera jamesonii* Bolus）是菊科大丁草属多年生宿根草本植物，具有极高的观赏价值和经济价值，是深受大众欢迎的切花、盆栽和庭院观赏植物（图 2-2）。非洲菊原产于非洲南部的德兰士瓦，喜温暖通风、阳光充足的环境。其花朵硕大，花枝挺拔，花色丰富，瓶插寿命长，在适宜条件下可周年开花。切花产量高，需求量大，种植效益显著，深受种植者欢迎，种植面积不断扩大，现在非洲菊鲜切花已成为世界五大切花之一。中国于 20 世纪 40 年代开始引进非洲菊，直至 20 世纪 80 年代才真正作为鲜切花种植栽培。由于适应性广，抗逆性强，生产成本较低及技术要求不高，适合在我国很多地区种植，种植规模较大。40 多年来，我国非洲菊种植面积逐年递增，目前有 7 万多亩。其中，非洲菊是云南省五大切花之一，2019 年云南省非洲菊切花种植面积达 1 万亩，产量 6 亿枝，产值 4 亿元。

图 2-2　非洲菊

有研究表明，非洲菊大棚土壤栽培易发生连作障碍，使得土壤养分不足而无法连续获得更高质量的非洲菊切花。同时，病害较重，冬季产花量较低，对花农造成较为严重的经济损失。研究证实，连续种植非洲菊会使土壤

pH 降低、含盐总量增加，有次生盐渍化的趋势，还会导致土壤中的氮、磷、钾比例失调，造成连作障碍。目前生产上尝试施用化肥或有机肥来调节土壤营养成分，从而缓解非洲菊连作障碍，但尚无可靠的解决连作障碍的方案。

云南是比较早开始引种非洲菊的省份，一直都是全国非洲菊种苗的产供中心。十几年前，云南非洲菊生产采取大田种植，自然光照，但三四年后切花品质就开始退化，产量锐减，不得不换个地方再种，或改种其他花卉，大大增加了生产成本。这是造成云南非洲菊种植面积逐年下降、制约其产业化发展的重要原因之一。过去很长一段时间云南在引进国外新品种的过程中，很多花企或花农缺乏品种权意识，种苗"盗版"现象严重，致使国外非洲菊育种公司纷纷退出云南市场。一些品种由于种植时间过长，造成切花品质严重下降，花朵直径缩小、花茎变短变细。同时，因其分布区域非常广，加上生产者以农户为主，市场缺乏组织性，非洲菊切花价格也极易出现大幅波动。另外，非洲菊产业存在栽培品种陈旧滞后、生产技术缺乏规范等问题。非洲菊容易种植，收益比农作物高，导致很多花农跟风种植，然而企业或科研单位的种苗生产跟不上，有的花农就因买不到种苗而采取分株方式获得种苗。这样做的结果就是切花品质下降，价格大幅跳水，甚至沦为每枝花几分钱的地步。未来非洲菊产业的规范化、标准化、设施设备现代化以及种植技术、管理方式等方面，都需要予以重点关注。

4 万寿菊

万寿菊（*Tagetes erecta* L.）属一年生草本植物，茎直立，粗壮，具纵细条棱，分枝向上平展（图 2-3）。叶羽状分裂；沿叶缘有少数腺体。头状花序单生；总序苞杯状，顶端具齿尖；舌状花黄色或暗橙色；管状花花冠黄色。瘦果线形，基部缩小，黑色或褐色，被短微毛；冠毛有 1~2 个长芒和 2~3 个短而钝的鳞片。花期 7—9 月。原产墨西哥及中美洲。中国各地均有分布。可生长在海拔 1 150~1 480m 的地区，多生在路边草甸。

万寿菊栽培品种极多，依据用途可将其分为观赏万寿菊、药用万寿菊和

图 2-3　万寿菊

色素万寿菊。观赏万寿菊植株相对矮小，花色鲜艳且花期长，为园林花坛的主栽品种。药用万寿菊具有止咳、活血通络的作用，还可毒杀蚜虫和菜青虫等害虫。万寿菊中花色橙黄的部分品种因花瓣中含有丰富的叶黄素，该色素具有抗氧化、稳定性强、无毒害、安全性高等优点，广泛运用于食品、化妆品、烟草、医药卫生领域和禽类饲料中，成为重要的经济花卉，具有广阔的市场前景和发展潜力，国际市场上叶黄素和黄金的价值相当，并且随着叶黄素作为食品添加剂的合法化及万寿菊产业化的发展，色素万寿菊产业的发展空间十分广阔。根据统计，国内天然叶黄素市场需求在 10 万吨以上，而实际产量不足 6 000 吨。

　　我国的色素万寿菊种植面积逐年扩大，现已成为全世界色素万寿菊栽培主产地，主要分布在广东、新疆喀什、云南、河南、东北地区等地，预计全国总生产面积达到 6 万 hm²，产量约为 120 万 t。目前，云南等地形成了一定的生产规模，云南省种植面积 2 万 hm²，形成了较为完整的生产、加工配套产业链。通过延长产业链条，实现农民增收，助力乡村振兴，推进县域经济高质量发展，产生了较好的经济效益、社会效益和生态效益。但是，我国色素万寿菊因专业化集中连片栽培种植，普遍存在连作障碍问题，影响了产量和品质的稳定。由于连年种植，土壤中的病残体残留越来越多，病菌数量随之增加，导致色素万寿菊褐斑病的发生与危害也呈现出逐年加重的趋势。例如黑龙江省青冈县由于连年种植色素万寿菊，土壤病菌数量增加，褐斑病严重时直接导致减产 5 920t，经济损失 445 万元。黑龙江省绥化市望奎县也有色素万寿菊连作障碍的报道，随着连作年限的增加，色素万寿菊出现了病害加重、产量下降、经济效益不稳定，影响农户种植的积极性[①]。

5 甜叶菊

甜叶菊［*Stevia rebaudiana*（Bertoni）Hemsl.］是菊科泽兰属多年生草本植物（图 2-4），高 100～150cm。茎直立，基部半木质化，粗约 1cm，多分枝。叶对生；无柄；叶片倒卵形至宽披针形，长 5～10cm，宽 1.5～3.5cm，先端钝，基部楔形，上半部叶缘具粗锯齿。头状花序小，直径 3～5mm，在枝端排成伞房状，每花序具 5 朵管状花，总苞圆筒状，长约 6mm；总苞片 5～6 片，近等长，背面被短柔毛；小花管状，白色，先端 5 裂。瘦果，长纺锤形，长 2.5～3mm，黑褐色；冠毛多条，长 4～5mm，污白色。花、果期为 8—10 月。该品种喜在温暖湿润的环境中生长，对光敏感。原产

图 2-4 甜叶菊

---

① 刘皓. 改良处理对连作色素万寿菊产量及土壤环境的影响［D］. 乌鲁木齐：新疆农业大学，2022.

于南美巴拉圭和巴西交界的高山草地，1977 年开始北京、河北、陕西、江苏、福建、湖南、云南等地引种，其中山东、江苏、新疆大面积种植，是甜叶菊的主产地。

甜叶菊叶含菊糖苷（6%～12%），提取的双萜苷结晶物，其甜度为蔗糖的 300 倍，是一种低热量、高甜度的天然植物非热性甜味剂。和其他能够提取出甜味糖分的植物不同的是，甜味菊的甜度高，但是热量却很低，是食品饮料、制药及制酒工业的原料之一。甜菊糖苷是食品工业的重要甜味剂。2022 年 6 月 30 日，国家卫生健康委员会发布了《食品安全国家标准　食品添加剂　甜菊糖苷》（GB 1886.355—2022），将甜菊糖苷的范围更新为：以甜叶菊叶为原料，经提取、精制而得的食品添加剂，在 2014 版标准中包括的 9 种糖苷化合物基础上增加至 13 种，并分别规定了对应的最大使用剂量（以甜菊醇计）。由于甜叶菊具有高甜度和低热量的特点，可以用于医药，作为肥胖症、低血糖、高血压症及糖尿病患者的非热性甜味剂。

甜菊糖苷作为当下的代表性甜味剂之一，有着"人类第三代健康糖源"的美誉。随着天然甜味剂——甜菊糖苷市场需求的增加，被誉为"世界第三大糖源植物"的甜叶菊种植面积也逐年扩大。中国已经发展成为世界上甜叶菊种植面积最大、加工最精细和出口量最大的国家。栽培实践中，甜叶菊连作障碍限制了甜叶菊的产业化发展[①]。长期连作破坏土壤细菌群落结构平衡，降低了土壤有益细菌属的相对丰度，导致土壤性质变劣，进而抑制甜叶菊生长以及糖苷积累[②]

新疆是国内近几年来甜叶菊推广种植的重点区域，其独特的气候特征及良好的土壤资源尤其适合甜叶菊的规模化种植和机械化操作。但是甜叶菊的生长特性决定其在新疆只能一年一收，收获后的气候又不适宜其他作物生长，随后连续种植甜叶菊产生一定弊端，如生长减缓、产量下降及发病率增加等，即产生了连作障碍。调查发现，新疆地区甜叶菊少则连作 2～3 年，

①　赵瑞红. 不同肥料对缓解甜叶菊连作障碍的效果研究 [D]. 合肥：安徽农业大学，2022.

②　Xu X J, Luo Q Y, Wei Q H, et al. The deterioration of agronomical traits of the continuous cropping of stevia is associated with the dynamics of soil bacterial community [J]. Frontier in Microbiology，2022 (13).

多则 4～5 年甚至更长，严重阻碍了甜叶菊生产的可持续性[①]。

6 紫茎泽兰

紫茎泽兰（*Ageratina adenophora* (Spreng.) R. M. King & H. Rob）是菊科紫茎泽兰属多年生草本植物（图 2-5），茎直立，分枝对生，斜上；叶对生，质地薄，卵形、三角状卵形或菱状卵形；管状花两性，淡紫色；瘦果黑褐色，长椭圆形；冠毛白色，纤细，与花冠等长；花果期为 4—10 月。因其茎和叶柄呈紫色，故名紫茎泽兰，别名腺泽兰。紫茎泽兰原产于美洲的墨西哥至哥斯达黎加一带，分布在北纬 37°至南纬 35°范围内，最早被当作观赏植物引种到欧洲。现分布于美国、澳大利亚、新西兰等 30 多个国家和地区，成为世界性的有害杂草。

图 2-5　紫茎泽兰

紫茎泽兰于 20 世纪 40 年代由缅甸传入中国云南临沧地区最南部的沧源、耿马等县，后扩散到贵州、四川、广西、西藏等周边省区。由于没有天敌和竞争对手能与之抗争，大约以每年 10～30km 的速度向北和向东扩散，

---

① 徐新娟，魏琦超，罗庆云，等. 连作改变土壤性状对甜叶菊产量和品质的影响［J］. 热带亚热带植物学报，2023. https：//kns. cnki. net/kcms/detail/44.137 4. Q. 20 221 006.153 9.010. html.

其中紫茎泽兰在云南的扩散面积已经达到其国土面积的 80%。在国家环保总局和中国科学院 2003 年发布的《中国第一批外来入侵物种名单》中被列入外来入侵种，并且位列外来入侵物种的榜首①。紫茎泽兰常生于潮湿地或山坡路旁，有时可依树而上，或在空旷荒野独自形成成片群落。其结实能力强，传播速度极快，每株可结种子 3 万～4.5 万粒，多的可达 10 万粒，随风飘移散落，极易在裸地和稀疏植被的生境中定植生长。紫茎泽兰是农田、荒坡、山地、草场上一种有毒、侵占性很强的恶性杂草，生态适应性很广，能蔓延到广大的湿润、半湿润亚热带地区，且能迅速形成单生优势，严重破坏入侵地的植被生态平衡，被称为植物界的"杀手"。

紫茎泽兰侵占草地，造成牧草严重减产。有研究表明，天然草地被紫茎泽兰入侵 3 年就失去放牧利用价值，常造成家畜误食中毒死亡。紫茎泽兰入侵农田、林地、牧场后，与农作物、牧草和林木争夺肥、水、阳光和空间，并通过根系分泌多种化感作用物质，或者茎叶腐烂后在土壤中残留多种化感作用物质，抑制周围其他植物的生长，久而久之群落里就只剩下紫茎泽兰一种植物，对农作物和经济植物产量、草地维护、森林更新有极大影响。紫茎泽兰成功入侵后，不仅破坏了原有植物与土壤之间的生态平衡，还抑制了当地植物的生长发育，常常大片发生，形成单一种群，破坏生物多样性，破坏园林景观，影响林牧业生产。

7 薇甘菊

薇甘菊（*Mikaina micrantha* H. B. K.）为菊科假泽兰属多年生草本植物或灌木状攀缘藤本植物（图 2-6），原产地为中南美洲。薇甘菊茎呈圆柱状，有时呈管状，具棱；叶薄，淡绿色，卵心形或戟形，渐尖；圆锥花序顶生或侧生，复花序聚伞状分枝；头状花序小，花冠白色，喉部钟状，具长小齿，弯曲；瘦果黑色，表面分散有粒状突起物；冠毛鲜明白色。薇甘菊现已衍生成一种不可灭绝的、难以根除的有害杂草，种子细小而轻盈、数量众

---

① 国家环保总局、中国科学院. 关于发布中国第一批外来入侵物种名单的通知. 国务院公报, 2003. http：//www. gov. cn/gongbao/content/2003/content_62 285. htm.

多，且带有冠毛，可随风、随水、随动物与人类活动，实现海陆空的立体传播。

原产地为中、南美洲，现已广泛传播到亚洲热带地区，如印度、马来西亚、泰国、印度尼西亚、尼泊尔、菲律宾、巴布亚新几内亚、所罗门、印度洋圣诞岛和太平洋上的一些岛屿，包括斐济、西萨摩亚、澳大利亚北昆士兰地区，成为当今世界热带、亚热带地区危害最严重的杂草之一。大约在 1919 年薇甘菊作为杂草在中国香港出现，1984 年在深圳发现，2008 年来已广泛分布在珠江三角洲地区。该种已列入世界上有害的 100 种外来入侵物种之一，也列入中国首批外来入侵物种之一。在起源地，有 160 多种昆虫和菌类作为天敌控制它的生长，使其难以形成危害。一旦侵入新的地区，在其适生地攀缘缠绕于乔灌木植物，重压于其冠层顶部，阻碍附主植物的光合作用继而导致附主死亡。加上薇甘菊在入侵地没有天敌，失去了生态制约，就给它的疯狂入侵和危害提供了可乘之机，是世界上最具危险性的有害植物，对自然植被、人工林、园林绿化、果园、农场等生态环境已造成极大的危害。薇甘菊被称为外来入侵的"植物杀手"，又叫"一分钟一英里杂草"（"Mile‐a‐minute Weed"）。

图 2‐6 薇甘菊

大量的研究结果证实，薇甘菊还有一件"生物武器"——化感作用。通过根系向土壤中分泌、释放一些化感物质，抑制其他植物的种子萌发和生长，对 6～8m 以下林木，尤其对一些郁密度小的次生林、风景林的危害最为严重，可造成成片树木枯萎死亡，从而快速形成单优种群，破坏入侵地的生物多样性。2020 年中国生态环境状况公报显示，全国已发现 660 多种外来生物入侵物种。其中，71 种对自然生态系统已造成或具有潜在威胁，薇甘菊便是其中危害比较严重的一种，经常对同域内其他植物造成毁灭性伤害。中国已经成为遭受外来植物入侵最严重的国家之一，因此，党的二十大报告明确指出要"加强生物安全管理，防止外来物种侵害"。

8　豚草属

菊科豚草属约有 30 种，在全世界分布广泛。豚草属（*Ambrosia*）从一年生草本植物到多年生木本植物都有，其中分布最广、危害最大的是豚草（*Ambrosia artemisiifolia* L.）和三裂叶豚草（*Ambrosia trifida* L.）。有关豚草属植物化感作用的研究，也有大量的研究文献。首先，科学家们从植物演替中观察研究了豚草属植物的化感作用，豚草属植物常常成为次生裸地演替中第一阶段的先锋种。Nell 和 Rice 研究了毛果破布草在弃耕地植物群落演替中的作用，它是弃耕地演替的第一阶段的优势种，并维持到以后几个阶段的演替过程中。田间实验证明，生长在毛果破布草周围的三芒草（*Andropogon ternarius*）的生长会受到抑制，特别是毛果破布草的根分泌物和枯落物对其抑制尤为明显，由此可见毛果破布草对植被格局的形成有着重要的作用，同时进一步实验证明这种作用是由于毛果破布草根分泌物、枯落物、枝叶挥发物中化感物质的作用而非其他营养元素等原因造成的。Jackson 和 Willemsen 研究了美国新泽西州山麓次生演替第一阶段中豚草的优势种作用，发现这种作用很难保持到第二年，即当第二年紫菀侵入后，豚草便逐渐消失。研究还证实，豚草的自毒性和紫菀对豚草种子萌发及幼苗的抑制作用是豚草属植物在次生地演替中的重要因素。由此看来，化感作用是豚草属植物在次生地生态演替中的一个重要的驱动力。

Rice 也曾发现成熟的毛果破布草的根、茎、叶等对几种固氮菌、硝化细菌和根瘤菌都具有或多或少的抑制作用。毛果破布草通过抑制豆科植物根区的根瘤，使豆科植物的根瘤数目、大小、颜色发生变化，从而影响植株的生长。这是豚草在次生演替第一阶段中成为优势种的一个重要原因。Bradow研究了豚草的生长调节作用。1∶10（W/W）的叶水提取液对洋葱、燕麦、画眉草、稗草、莴苣、红车轴草、胡萝、黄瓜、番茄、苋、反齿苋等种子萌发具有明显的抑制作用，稀释到1∶40对莴苣、胡萝、苋等种子萌发还有抑制作用，不同组织、不同溶剂（石油醚、甲醇、二氯甲烷等）的提取液对莴苣种子也都显示出较强的抑制作用。由上面的一些研究可以看出，豚草属植物有许多具有化感作用，而且化感作用的对象较为广泛，包括粮食作物、蔬菜、杂草等，同时它们在植物演替过程中起着重要作用，因此研究豚草属植物的化感作用是非常重要的。

8.1　豚草（*A. artemisiifolia* L.）

一年生草本植物（图2-7）。茎下部叶对生，上部叶互生，叶一至二回羽裂，边缘具小裂片状齿。雄花序总苞碟形，排成总状，雌花序生于雄花序下或上部叶腋。生于荒地、路边、沟旁或农田中，适应性广，种子产量高，每株可产种子300～62 000粒。瘦果先端具喙和尖刺，主要靠水、鸟和人为携带传播；豚草种子具二次休眠特性，抗逆力极强。原产北美洲，

图2-7　豚草

在世界各地归化。1935年发现于中国杭州，分布于辽宁、吉林、黑龙江、河北、山东、江苏、浙江、江西、安徽、湖南、湖北等19个省份。其中，以沈阳、铁岭、丹东、南京、南昌、武汉等市发生严重，形成沈阳—铁岭—丹东、南京—武汉—南昌为发生、传播、蔓延中心。侵入裸地后一年即可成为优势种。由于其极强的生命力，可以遮盖和压抑土生植物，造成原有生态系统的破坏，农业减产，消耗土地中的水分和营养，造成农业损失惨重。豚草的蔓延蚕食了大片耕地，造成撂荒，对生态环境造成较大威胁。

豚草的潜在危害相当严重，尤其是在粗放型农业耕作区域。豚草能混杂所有旱地作物，特别是玉米、大豆、向日葵、大麻、洋麻等中耕作物和禾谷类作物，能导致作物大面积草荒，以致绝收。豚草能很快形成单种优势群落，导致原有植物群落的衰退和消亡。据试验表明，在1m²的玉米地中，只要有30~50株豚草苗，玉米将减产30%~40%；当豚草数量增加到50~100株苗时，玉米几乎颗粒无收。

豚草为恶性杂草，对禾本科、菊科等植物有抑制、排斥作用。2003年被列入中国外来入侵物种名单（第一批），2023年1月1日起，被农业农村部、自然资源部、生态环境部、住房和城乡建设部、海关总署、国家林草局列入重点管理外来入侵物种名录[①]。

8.2　三裂叶豚草（*Ambrosia trifida* L.）

三裂叶豚草为一年生粗壮草本植物（图2-8），高50~120cm，有时可达170cm，有分枝。叶对生，有时互生，具叶柄，下部叶3~5裂，上部叶3裂或有时不裂，上面深绿色，背面灰绿色，两面被短糙状毛。在枝端密集成总状花序。总苞浅碟形，绿色；总苞片结合，外面有3肋。花托无托片，具白色长柔毛，每个头状花序有20~25不育的小花；小花黄色，长1~2mm，花冠钟形，上端5裂，雌花序生于雄花序轴基部的叶腋内，每对叶腋有15~20个花序聚成轮状。花期8月，果期9—10月。

---

① 农业农村部，等．重点管理外来入侵物种名录．［2022.12.20］．http://www.moa.gov.cn/govpublic/KJJYS/202211/t20221109_6415160.htm.

图 2-8 三裂叶豚草

三裂叶豚草原产于北美，在中国东北已驯化，随小麦、大豆种子传播，常见于田野、路旁或河边的湿地。大约在 20 世纪 30 年代传入中国，在中国辽宁铁岭地区首先发现，随后在辽宁省蔓延，并向河北、北京地区扩散。现在主要分布于吉林、辽宁、河北、北京、天津等地。经过一个较长时期的适应期，正以异常态势迅速蔓延，向农田、果园、城镇、绿化带、公路和铁路沿线及山坡荒野入侵，表现出顽强的生命力和竞争力，在有些地段三裂叶豚草成为优势杂草种群，危害小麦、大麦、大豆及各种园艺作物。2010 年 1月 7 日，环境保护部和中国科学院联合制定的《中国外来入侵物种名单》中，三裂叶豚草被列为"第二批外来入侵物种名单"，2023 年 1 月 1 日起，被列入重点管理外来入侵物种名录[①]。

9　加拿大一枝黄花

加拿大一枝黄花（*Solidago canadensis* L.）为菊科一枝黄花属多年生草本，高 30～80cm（图 2-9）。地下根须状；茎直立，光滑，分枝少，基部带紫红色，单一。单叶互生，卵圆形、长圆形或披针形，先端尖、渐尖或

---

① 农业农村部，等．重点管理外来入侵物种名录．［2022.12.20］．http：//www.moa.gov.cn/govpublic/KJJYS/202211/t20221109_6415160.htm.

钝，边缘有锐锯齿，上部叶锯齿渐疏至全近缘；基部叶有柄，上部叶柄渐短或无柄。头状花序，聚成总状或圆锥状，总苞钟形；苞片披针形；花黄色，舌状花约 8 朵，雌性，管状花多数，两性；花药先端有帽状附属物。瘦果圆柱形，近无毛，冠毛白色。花期为 9—10 月，果期为 10—11 月。原产于北美，全球性入侵物种，1935 年作为观赏植物引进中国，20 世纪 80 年代扩散蔓延成为恶性杂草。分布于浙江、上海、安徽、湖北、湖南、江苏、江西、河南等。主要生长在河滩、荒地、公路两旁、农田边、农村住宅四周。繁殖力极强，传播速度快，生长优势明显，适应性广阔，与周围植物争阳光和肥料，直至其他植物死亡，从而对我国社会经济、自然生态系统和生物多样性构成了巨大威胁。

图 2-9　加拿大一枝黄花

加拿大一枝黄花的根状茎发达，一旦入侵种群数量达到一定的生态阈值，就很难消除，极易在入侵生境中形成单优势群落，严重排挤本地物种生长，主要危害荒地和农业弃耕地，严重危害当地自然景观和群落演替。加拿大一枝黄花之所以具有强大的入侵能力，跟化感作用有很大的关系。大量的研究证明，加拿大一枝黄花可以通过根系分泌、枯落物分解、雨水淋溶和气体挥发等途径分泌多种化感作用物质，包括大量柠檬烯、蒎烯、樟脑、长叶薄荷酮、桉树脑、香茅醇等挥发性萜类化合物，对其他物种可产生化感作用，抑制其生长发育，还可保护自身不受侵害，极易迅速形成单一优势种群，造成生态环境恶化，不仅严重影响乡土植物的正常生长，还严重威胁当地原有植物群落的物种多样性。短时间大面积入侵，过度生长会造成农作物、草坪和林木成片死亡，完全取代本地的野生植物，破坏当地生态景观的自然性和完整性。加拿大一枝黄花入侵农田及其周围地带后，能使农作物的产量和质量急剧下降。

2010 年 1 月 7 日，环境保护部和中国科学院联合制定的《中国外来入侵物种名单》中，加拿大一枝黄花被列为"第二批外来入侵物种名单"，2023 年 1 月 1 日起，被列入重点管理外来入侵物种名录。

10 银胶菊

银胶菊（*Parthenium hysterophorus* L.）为菊科银胶菊属的一年生草本植物（图 2 - 10）。茎直立，高 0.6～1m，基部径约 5mm，多分枝，具条纹，被短柔毛，节间长 2.5～5cm。下部和中部叶二回羽状深裂，叶形卵形或椭圆形，连叶柄长 10～19cm，宽 6～11cm，羽片 3～4 对，卵形，长 3.5～7cm，小羽片卵状或长圆状，常具齿，顶端略钝，基部为疣状的疏糙毛；上部叶无柄，羽裂，裂片线状长圆形，全缘或具齿，或有时指状 3 裂，中裂片较大，通常长于侧裂片的 3 倍。头状花序多数，在茎枝顶端排成伞房状，总苞宽钟形或近半球形，舌片卵形或卵圆形；花期为 4—10 月。

银胶菊原产于美洲热带地区，属于危害性较大的全球性入侵物种，目前在 30 个国家有分布，在澳大利亚、印度已经成为主要恶性杂草之一。1924 年在越南北部被报道，1926 年在云南采到标本，至 2020 年，已入侵中国山东、福建、广东、广西、海南、香港等地，多生于旷地、路旁、河边、荒地，喜中性和碱性的土壤。它的入侵降低了原生植被的物种多样性，尽管在中国境内出现的时间不长，但是对我国生态安全和生物多样性的保护带来了严重的威胁。国内外学者的大量研究结果表明，银胶菊具有明显的化感作用潜势，植株及根系分泌物对其他本土植物有明显的化感抑制作用[1]。银胶菊植株及根系分泌物能够抑制其他本土植物如番茄、茄子、豆类和其他作物的生长和坐果，这也是其提升自身竞争力的生存策略之一。

银胶菊的生态危害主要有三个方面。第一，银胶菊在入侵地可造成极大的经济损失。由路旁向荒地、耕地发展，引起了很大的危害，包括入侵道

---

[1] Adkins S W, Sowerby M S. Allelopathic potential of the weed, *Parthenium hysterophorus* in Australia [J]. Plant Protection Quarterly, 1996 (11)：20 - 23. 潘玉梅等．外来入侵植物银胶菊水提物对三叶鬼针草和茶条木种子萌发的化感作用．广西植物，2008，28（4）：534 - 538.

路，阻碍交通，破坏道路环境；入侵放牧地，减少放牧地产草量；入侵耕地，引起农作物减产。研究表明，在其大量分布的农田及牧场，可造成农作物和牧草产量损失 40%～90%。第二，对接触到的人、畜禽等，可引起过敏性皮炎、鼻炎及哮喘等疾病，危害人类身体健康。第三，它极易在入侵区形成单一群落，对入侵地的生物多样性和生态安全造成极大威胁。因此，银胶菊被很多国家确定为检疫对象，被确定为危险性入侵杂草。中国环境保护部 2011 年公布的第二批外来入侵植物银胶菊危害等级为 4 级。2023 年 1 月1 日起，被列入重点管理外来入侵物种名录。

图 2-10 银胶菊

11 黄顶菊

黄顶菊［*Flaveria bidentis*（L.）Kuntze.］为菊科黄顶菊属一年生草本植物（图 2-11），植株高低差异很大，株高 20～100cm，条件适应的地段株高可达 180～250cm，最高的可达到 3m 左右。茎直立、紫色，茎上带短绒毛。叶子交互对生，长椭圆形，长 6～18cm、宽 2.5～4cm，叶边缘有稀疏而整齐的锯齿，基部生 3 条平行叶脉。花冠鲜黄色，花果期为夏季至秋季或全年。根系发达，耐盐碱、耐瘠薄、抗逆性强。喜光、喜湿、嗜盐，一般于4月上旬萌芽出土，4—8月为营养生长期，生长迅速，9月中下旬开花，10月底种子成熟。结实量极大、繁殖能力超强，一株黄顶菊大概能开1 200多朵花，每朵花能结出上百粒种子，一株"黄顶菊"能产数万至数十万粒种子，具备入侵植物的基本特征，一旦大面积入侵农田、牧场和苗圃等，将对农业生态安全构成严重的威胁。

图 2-11　黄顶菊

　　黄顶菊原产于南美洲巴西、阿根廷等国，扩散到美洲中部、北美洲南部及西印度群岛，后来由于引种等原因而传播到埃及、南非、英国、法国、澳大利亚和日本等地。黄顶菊于2000年首次在中国天津、河北发现。分布于天津、河北。黄顶菊被列为全球100种危害最大的入侵物种。黄顶菊具有极强的生理适应能力和进化趋势；喜生于荒地、沟边、公路两旁等富含矿物质及盐分的生长环境。具有喜光、喜湿、嗜盐习性，其生长迅速、结实量大、种子适应性强，特别是盐碱含量偏高的土壤适宜其生长繁殖，散落地表的种子可作为来年传播源。根据黄顶菊原产地及其传播入侵区域的生态环境条件，黄顶菊在中国的适宜生长的区域远远不仅限于天津、河北等地，中国的华北、华中、华东、华南及沿海地区都有可能成为黄顶菊入侵的重点区域，尤其需要引起足够的重视。

　　黄顶菊根系发达，最高可以长到2m，在与周围植物争夺阳光和养分中，严重挤占其他植物的生存空间，特别是对绿地生态系统有极大的破坏性，使许多生物灭绝。黄顶菊一旦入侵农田，将威胁农牧业生产及生态环境安全，因此又称为"生态杀手"。黄顶菊的根系能产生一种化感作用物质，这种化感物会抑制其他植物的生长，并最终导致其他植物死亡。在生长过黄顶菊的土壤里种上小麦、大豆，其发芽能力会变得很低。这也就意味着，如果对黄顶菊不加防治，几年后整个地面很可能就只剩下黄顶菊了，这势必会破坏生物的多样性。黄顶菊的花期长，花粉量大，花期与大多数土著菊科交叉重叠。如果黄顶菊与区域内的其他土著菊科植物产生天然的菊科植物属间杂交，就有可能形成新的危害性更大的物种。2010 年 1 月 7 日，环境保护部和中国科学院联合制定的《中国外来入侵物种名单》中，黄顶菊被列为"第二批外来入侵物种名单"，2023 年 1 月 1 日起，被列入重点管理外来入侵物种名录。

12　藿香蓟

藿香蓟（*Ageratum conyzoides* L.）为菊科藿香蓟属一年生草本植物（图 2-12），无明显主根；茎粗壮，基部径 4mm，茎枝淡红色，或上部绿色覆盖白色尘状短柔毛或上部被稠密开展的长绒毛；叶对生，叶卵形或长圆形；藿香蓟花序伞房状，总苞钟状或半球形，苞片长圆形或披针状长圆形；花冠外面无毛或顶端有尘状微柔毛，淡紫色；瘦果黑褐色；花期为 7—12 月。

藿香蓟原产中南美洲，作为杂草已广泛分布于非洲全境、印度、印度尼西亚、老挝、柬埔寨、越南和中国等地；喜温暖、阳光充足的环境，对土壤要求不严；不耐寒，在酷热下生长不良；一般出现在山谷、山坡林下或林缘、河边或山坡草地、田边或荒地上，由低海拔到 2 800m 的地区都有分布。中国广东、广西、云南、贵州、四川、江西、福建等地均有栽培，或者归化野生分布。

调查发现，藿香蓟适应性非常强，种子产量大，并且易于传播，常侵入秋田作物，如在玉米、甘蔗和甘薯田中发生量大，危害严重。研究还发现，藿香蓟还能产生和释放多种化感物质，抑制本土植物的生长，常在入侵地形成单优群落，对入侵地生物多样性造成严重威胁。

图 2-12 藿香蓟

目前藿香蓟已被列为恶性外来入侵植物，2023 年 1 月 1 日，藿香蓟被列入重点管理外来入侵物种名录（第二批）。

13　三叶鬼针草

三叶鬼针草（*Bidens pilosa* L.）为菊科鬼针草属一年生草本植物（图 2-13），茎直立，高 30～100cm，钝四棱形，无毛或上部被极稀疏的柔毛，基部直径可达 6mm。茎下部叶较小，3 裂或不分裂，通常在开花前枯萎，中部叶具长 1.5～5cm 无翅的柄，三出，小叶 3 枚，很少为具 5～7 小叶的羽状复叶，两侧小叶椭圆形或卵状椭圆形，长 2～4.5cm，宽 1.5～2.5cm，先端锐尖，基部近圆形或阔楔形，有时偏斜，不对称，具短柄，边缘有锯齿，顶生小叶较大，长椭圆形或卵状长圆形，长 3.5～7cm，先端渐尖，基部渐狭或近圆形，具 1～2cm 的柄，边缘有锯齿，条状披针形。头状花序直径 8～9mm，有长 1～6（果时长 3～10）cm 的花序梗。总苞基部被短柔毛，苞片 7～8 枚，条状匙形，上部稍宽，开花时长 3～4mm，果时长 5mm，草质，边缘疏被短柔毛或无毛，外层托片披针形，果时长 5～6mm，干膜质，背面褐色，具黄色边缘，内层较狭，条状披针形。无舌状花，盘花筒状，长约 4.5mm，冠檐 5 齿裂。瘦果黑色，条形，略扁，具棱，长 7～13mm，宽约 1mm，上部具稀疏瘤状突起和刚毛，顶端芒刺 3～4 枚，长 1.5～2.5mm，具倒刺毛。

生于村旁、路边及荒地中。原产热带美洲，在国内主要分布于华东、华中、华南、西南各省份。2023 年 1 月 1 日起，被列入重点管理外来入侵物种名录。

图 2-13　三叶鬼针草

目前三叶鬼针草主要分布在包括云南在内的南方地区（陈亮等，2011；申时才等，2012），它在入侵地可以迅速形成大片密集丛，呈大面积的单一群落，给生态安全带来严重影响，是农田的恶性杂草。随着全球气候变暖、酸雨等环境问题日渐突出，三叶鬼针草在我国的入侵范围扩大，蔓延速度加快，危害日趋严重[1]。

研究者普遍认为，三叶鬼针草的成功入侵与其产生的化感作用存在必然联系[2]。三叶鬼针草可产生强烈化感抑制物质（Stevens et al.，1985；Deba et al.，2007；孙成贤等，2021），明显影响玉米幼苗出土和生长（姚晓蝶

---

① 陈新微，李慧燕，刘红梅，等. 入侵种银胶菊和三叶鬼针草与本地种气体交换特性的比较 [J]. 生态学报，2016，36（18）：5732-5740.

② 邓玲姣，邹知明. 三叶鬼针草生长、繁殖规律与防除效果研究 [J]. 西南农业学报，2012，25（4）：1460-1463.

等，2022），影响蚕豆的遗传稳定性及细胞结构（杜凤移等，2007）。

三叶鬼针草的化感作用可以有雨雾淋溶、叶片挥发、根系分泌等方式。从化感物质的淋溶途径出发，三叶鬼针草水浸提液可显著抑制莴苣（*Lactuca sativa*）、香椿（*Toona sinensis*）、龙须藤（*Bauhinia chmpionii*）和苏木（*Caesalpinia sappan*）4 种木本植物的种子萌发、幼苗生长和光合作用[1]，降低蒲公英（*Taraxacum mongolicum*）种子的发芽势、发芽率，提高体内丙二醛含量及相对电导率，造成蒲公英膜质过氧化程度加大，膜渗漏加剧[2]。在禾本科植物中，高浓度的三叶鬼针草水浸提液会使小麦（*Triticum estivum*）幼苗的根变黑、腐烂[3]。经显微分析发现，受三叶鬼针草水浸提液处理后的小麦根尖，其细胞内染色体出现微核、染色体断片、染色体桥等多种畸变[4]。从化感物质的气体挥发途径来看，三叶鬼针草对受体植物的影响会因挥发物浓度不同而有所差异，其化感作用表现为促进和抑制两种形式。5g 三叶鬼针草叶片所释放的挥发物，可诱导旱稻（*Oryza sativa*）初生根髓腔形成，促进维管柱的发育，但 20g 三叶鬼针草叶片的挥发物则会引起旱稻幼苗初生根结构变异，维管柱消失，髓腔变大[5]。三叶鬼针草除了通过地上部分释放化感物质影响邻近植物生长外，也会利用地下根系的分泌物对周围的种子植物产生化感作用。研究发现，三叶鬼针草根系分泌物可抑制蕨类植物井栏边草（*Pteris multifida*）配子体生长和发育，降低其光合作用能力[6]，还可对配子假根造成损伤，引起细胞破裂和死亡，配子致死率高

① 潘玉梅，唐赛春，韦春强，刘明超．不同光照和水分下三叶鬼针草与本地种金盏银盘生长特征的比较研究［J］．热带亚热带植物学报，2012，20（5）：489-496．

② 严文斌，等．环境因子对三叶鬼针草与鬼针草种子萌发的影响［J］．生态环境学报，2013，22（7）：1129-1135．

③ 潘玉梅，唐赛春，韦春强，刘明超．不同光照和水分下三叶鬼针草与本地种金盏银盘生长特征的比较研究［J］．热带亚热带植物学报，2012，20（5）：489-496．

④ 潘玉梅，等．三叶鬼针草生长特征对土壤氮素水平的响应［J］．杂草科学，2012，30（1）：11-16．

⑤ 王宁，秦艳．AM真菌对宿主植物三叶鬼针草根系形态的影响［J］．安徽农业科学，2012，40（1）：13-14．

⑥ YU Xingjun, et al. A new mechanism of invader success: Exotic plant inhibits natural vegetation restoration by changing soil microbe community［J］．科学通报：英文版，2005，50（11）：1105-1112．

达 88.3%[①]。

14　飞机草

飞机草〔*Chromolaena odorata*（L.）R. M. King & H. Rob.〕为菊科泽
兰属多年生草本植物（图 2-14）。根茎粗壮，横走。茎直立，高 1～3m，苍
白色，有细条纹；分枝粗壮，常对生；叶对生，卵形、三角形或卵状三角
形，花序下部的叶小，常全缘。头状花序多数或少数在茎顶或枝端排成复伞
房状或伞房状，总苞圆柱形，总苞片 3～4 层，覆瓦状排列，外层苞片卵形，
秆黄色、花白色或粉红色。瘦果黑褐色，5 棱，花果期为 4—12 月。

图 2-14　飞机草

飞机草原产于中美洲，南美洲、非洲、亚洲热带地区广泛分布。20 世
纪 20 年代作为香料植物被引入泰国栽培。1934 年在我国云南南部首次发
现，现已广布于中国海南、云南南部和西南部及越南、柬埔寨、泰国、菲律
宾、马来西亚、印度、澳大利亚、南非、墨西哥和巴拿马等地，已成为一种
世界性的恶性杂草。生长在低海拔的丘陵地、灌丛中及草原上。但多见于干
燥地、森林破坏迹地、垦荒地、路旁、住宅及田间。花果期全年；种子和横

---

① 魏树和，杨传杰，周启星．三叶鬼针草等 7 种常见菊科杂草植物对重金属的超富集特征［J］．
环境科学，2008，29（10）：2912-2918.

走根茎都是其繁衍的工具，繁殖力极强，是田间恶性杂草，往往能形成成片的单一群落。能产生化感物质，抑制邻近植物的生长，还能使昆虫拒食。2003 年已被中国政府列入《第一批中国外来入侵物种名单》（朱金方等，2020）。当前，对飞机草的化感作用等方面进行了大量的研究（杜浩等，2022；余香琴等，2010；何衍彪等，2003）；彭跃峰和庞雄飞，2004；冼继东等，2001；吕朝军等，2015）。这些研究均揭示了飞机草的化感作用潜势及作为生物源农药防治害虫的可能性。

15　小蓬草

小蓬草（*Erigeron canadensis* L.）为菊科白酒草属一年生草本植物（图 2 - 15）。根纺锤状；茎直立，高可达 100cm 或更高；叶密集，基部叶花期常枯萎，下部叶倒披针形，中部和上部叶较小；头状花序多数，花序梗细，总苞近圆柱状，总苞片淡绿色，线状披针形或线形；雌花多数，舌状，白色，舌片小，稍超出花盘，线形；两性花淡黄色，花冠管状；5—9 月开花。原产北美洲，1860 年在山东烟台被发现。现中国南北各省份均有分布，是最广泛的入侵物种之一。常生长于旷野、荒地、田边和路旁，为一种常见的杂草。

图 2 - 15　小蓬草

小蓬草通过分泌化感物质抑制邻近其他植物的生长。许桂芳等的研究结果表明，小蓬草具有化感作用，其新鲜茎叶的水浸提液（含酚类物质）对小麦种子萌发和幼苗生长均具有抑制作用。高兴祥等的研究结果表明，根系分泌是小蓬草化感物质释放的主要途径之一，其提取物具有除草等生物活性。曹慕岚等的研究结果表明，小蓬草地上部分和地下部分水浸提液对水稻和油菜种子的最终萌发及根长生长均具有抑制作用。刘珊珊等通过从小蓬草地上部分分离出的精油，以青菜、白菜、小麦和高粱为供试植物，对小蓬草精油的化感效应进行了生物测定，结果显示小蓬草精油对供试植物的化感作用为抑制作用，且抑制作用的强度与精油质量浓度有关[①]。

2023 年 1 月 1 日起，小蓬草被列入重点管理外来入侵物种名录。

16　胜红蓟

胜红蓟（*Ageratum conyzoides* L.）为菊科藿香蓟属一年生草本植物，高 50～100cm，有时不足 10cm（图 2 - 16）。无明显主根。茎粗壮，基部径 4mm，或少有纤细的，基部径不足 1mm；不分枝或自基部或自中部以上分枝，或下基部平卧而节常生不定根。全部茎枝淡红色，或上部绿色，被白色尘状短柔毛或上部被稠密开展的长绒毛。叶对生，有时上部互生，常有腋生的不发育的叶芽。中部茎叶卵形或椭圆形或长圆形，长 3～8cm，宽 2～5cm；有时植株全部叶小形，长仅 1cm，宽仅达 0.6mm。全部叶基部钝或宽楔形，基出三脉或不明显五出脉，顶端急尖，边缘圆锯齿，有长 1～3cm 的叶柄，两面被白色稀疏的短柔毛且有黄色腺点，上面沿脉处及叶下面的毛稍多，有时下面近无毛，上部叶的叶柄或腋生枝上的小叶的叶柄通常被白色稠密开展的长柔毛。头状花序 4～18 个，在茎顶排成紧密的伞房状花序；花序径 1.5～3cm；花梗长 0.5～1.5cm，被尘球短柔毛。总苞钟状或半球形，宽 5mm。总苞片 2 层，长圆形或披针状长圆形，长 3～4mm，外面无毛，边缘撕裂。花冠长 1.5～2.5mm，外面无毛或顶端有尘状微柔毛，檐部 5 裂，淡紫色。瘦果黑褐色，5 棱，长 1.2～1.7mm，有白色稀疏细柔毛。冠毛膜片

---

① 刘珊珊，王海英，刘志明. 小蓬草精油化感作用的生物测定 [J]. 植物资源与环境学报，2010，19（4）：56 - 62.

5个或6个，长圆形，顶端急狭或渐狭呈长或短芒状，或部分膜片顶端截形而无芒状渐尖；全部冠毛膜片长 1.5～3mm。花果期为全年。

胜红蓟原产于南美洲，目前已成为华南地区重要杂草。我国福建、广东、广西、云南、贵州等地常有栽培或逸为野生。生于山谷、山坡林下或林缘，荒坡草地常有生长。调查发现，胜红蓟生长旺盛，竞争力强，常在入侵地形成单优或共优群落，抑制本土植物的生长，其入侵潜力可能跟化感作用有关[①]。研究结果表明，胜红蓟挥发物和渣液对稗草、黑麦草和三叶鬼针草3种杂草均有显著化感作用，主要表现为对杂草根及幼苗的生长有明显的抑制作用，且随着浓度的增大而增强。因此，胜红蓟在自然界可能通过挥发途径对邻近植物产生化感作用，这是胜红蓟植株周围很少有其他植物生长的原因，化感作用可能是该植物入侵中国华南地区的一个重要的机制。另外，胜红蓟对这3种杂草的抑制作用尤为明显，这说明胜红蓟不仅在挥发物中含有化感物质，而且水溶物也含有化感物质，将这些化感物质进一步分离、鉴定，可能筛选并开发出新的生物源除草剂[②]。

图 2-16　胜红蓟

① 曾任森，骆世明. 香茅、胜红蓟和三叶鬼针草植物他感作用研究 [J]. 华南农业大学学报，1993，14（4）：8-14；曾任森，骆世明. 香茅、胜红蓟和三叶鬼针草根分泌物的化感作用研究 [J]. 华南农业大学学报，1996，17（2）：119-120；陈建军，孔垂华，胡飞，等. 胜红蓟化感作用研究Ⅷ. 植株对花生和相关杂草的田间化感效应 [J]. 生态学报，2002，22（8）：1196-1201.

② 江贵波，陈锦霞，陈少雄，等. 入侵物种胜红蓟挥发物和渣液对杂草的化感作用 [J]. 湖南农业大学学报（自然科学版），2012，38（4）：413-416.

有研究表明，胜红蓟的化感物质对大豆的生长和产量有一定的影响作用[①]。同时，胜红蓟对白菜、油菜和萝卜 3 种受体植物的幼苗生长均有不同程度的抑制作用，且渣液随着浓度的增大抑制作用明显增强，对不同蔬菜生长的影响存在差异[②]。可见，胜红蓟在自然界也可能通过淋溶途径对邻近其他植物产生化感作用，排斥其他物种。

孔垂华等系统分离鉴定胜红蓟 50 余种次生物质，证实引种到柑橘园的胜红蓟向土壤中释放化感物质抑制柑橘园中的杂草和病原菌，而且发现化感物质胜红蓟素在土壤中存在着一个可逆的二聚化过程，正是这一聚合和解聚过程的存在，使得胜红蓟能持续地抑制其他杂草和病原菌。同时，胜红蓟向柑橘园释放的挥发性化感物质能吸引和稳定天敌捕食螨，从而使红蜘蛛的种群下降到非危害的水平[③]。这些结果显示，利用特定农业生态系统中的化感杂草可以对其他有害生物产生自然的化学调控。

17　刺苍耳

刺苍耳（*Xanthium spinosum* Linn.）为菊科苍耳属一年生草本植物，高 0.3～1.2m（图 2-17）。茎直立，被短糙伏毛或微柔毛；叶狭卵状披针形或阔披针形，边缘浅裂或不裂，中间裂片较长，基部楔形。具短叶柄，叶腋具有三深裂的黄色刺，长 1～2cm。花单性，雌雄同株；雄头状花序顶生，雌头状花序腋生，雄花管状，雌花序卵形，总苞囊状，花柱线形；瘦果多数单生或稀少簇生在叶腋，圆筒状，长约 1cm，被微毛，具有细的钩状刺；顶端有 2 个细刺状喙，一长一短，果成熟后极易脱落。8—9 月开花，9—10 月结果，因果实较大，主要是靠水流、动物和人的有意或无意传播而扩散，在母株周围由于散落的果实较多，多呈团块状群居。

———————————

①　赵之亭，范志伟，刘丽珍．胜红蓟对大豆生长和产量的影响［J］．热带农业科学，2009，29（9）：4-6．

②　江贵波，洪丹凤，陈少雄，等．入侵物种胜红蓟挥发物和渣液对蔬菜的化感作用［J］．新疆农业大学学报，2012，35（3）：196-199．

③　徐涛，孔垂华，胡飞．胜红蓟化感作用研究Ⅲ．挥发油对不同营养水平下植物的化感作用［J］．应用生态学报，1999（6）：109-111．

图 2 - 17 刺苍耳

刺苍耳原产于南美洲，目前广泛分布于欧洲中部和南部，偶尔也出现在欧洲更北的地方，同时也广泛分布于西北太平洋地区，被认为是一个世界上广泛蔓延的恶性杂草。我国最早于 1932 年在河南省周口市郸城县发现刺苍耳野生归化种，1974 年首次在北京丰台区发现它的入侵踪迹。随后开始在我国迅速扩散开来，它的果实具有钩刺，可黏附在人和动物的身上，或混在作物种子中进行远距离传播。目前广泛分布于河南东部、安徽西北部、北京丰台区、辽宁大连市、内蒙古呼和浩特市、宁夏中卫地区。尤其是近年来，刺苍耳在我国的入侵范围迅速扩大，是我国入关植物检疫危害性植物，现已被确定为中国外来入侵物种（第 3 批）。

袁着耕等研究了刺苍耳对小白菜、莴苣、黑麦草、金色狗尾草 4 种植物的化感作用[1]。研究结果表明，刺苍耳幼苗期、花蕾前期、成熟期均存在明显的化感作用。在同样浓度下，刺苍耳幼苗期水提液对植物的抑制作用强于另两个时期，可能是由于种子萌发时产生了较多的化感物质，以便尽早排挤其他伴生植物，占据生态优势。结果还表明，石油醚萃取相对于小白菜、莴

---

① 袁着耕，刘影，邵华，等. 外来入侵植物刺苍耳种子各萃取相化感作用比较 [J]. 江苏农业科学，2017，45（20）：126 - 129.

苣、金色狗尾草 3 种植物根长生长表现出了显著的化感促进作用[①]。

　　董芳慧等研究了刺苍耳水浸提液对小麦和苜蓿种子的化感效应。结果表明，刺苍耳植株不同构件的提取液对小麦和苜蓿种子的萌发均具有较强的抑制作用，不仅表现为降低种子的最终发芽率，还表现为延长种子的萌发周期。刺苍耳化感作用对于其生态入侵、快速蔓延、危害及科学防控具有重要的作用，并可以为本地区制定危险性入侵植物的防治策略提供理论依据[②]。

　　① 袁着耕，刘影，邵华，等 . 不同生长期入侵植物刺苍耳的化感作用 [J]. 生态科学，2017，36
（6）：107－113.
　　② 董芳慧，刘影，蒋梦娇，等 . 入侵植物刺苍耳对小麦和苜蓿种子的化感作用 [J]. 干旱区研究，
2014，31（3）：530－535.

第 3 章
菊科植物化感作用研究进展[①]

　　菊科作为植物界中分布最广、种类最多的一个科，菊科植物的化感作用引起了国内外学者的广泛关注。尤其是一些学者对化感物质应用于可持续农业和生物入侵等方面的研究，成果累累。

　　花卉业是当今世界蓬勃发展、最具活力的新兴行业之一，一些国家的花卉业已成为重要的外向型创汇产业。据资料统计，全球花卉消费呈逐年稳步增长的态势，1991 年花卉消费额约 1 000 亿美元，至 2000 年已超过 2 000 亿美元，年增长速度接近 10%，其中鲜切花占 60%（蔡幼华，2002）。作为一种新兴的朝阳产业，花卉业在我国的发展极为迅速。截至 2002 年底，花卉种植面积已达 14.75 万公顷，鲜花销售量 38 亿支（李晓东，2004）；花卉市场已有 2 397 个，花卉企业 2.5 万家，其中大中型企业 4 225 家，花农 86.4 万户，从业人数 247.02 万人，花卉销售总额达到 294 亿元。我国已经成为全球的花卉生产与销售大国（熊启泉等，2004）。但是，2001 年我国花卉出口仅有 8 000 多万美元，不到世界花卉贸易额的 1%（姜伟贤，2003）。花卉质量竞争力不强是我国在国际花卉贸易中缺乏竞争优势的首要原因之一（熊启泉等，2004），这与我国这样一个最大的花卉生产大国与花卉资源大国的地位是极不相称的。

　　菊花是我国的十大传统名花和世界四大切花之一，切花菊占鲜切花总产量的 30%。菊花市场的需求量比较大，单在日本，除本国生产外，每年还

　　① 基金项目：江苏省科技攻关资助项目（BE2001354）。本章作者：周凯、郭维明和徐迎春，发表于《生态学报》，2004，24（8）：1780－1788.

需进口 6 亿枝。我国的切花菊早在 20 世纪 80 年代陆续出口日本等国（龚夏霞，1995）。据日本大藏省贸易统计，2000 年 1—6 月，切花菊进口总量为 1 907 吨，主要进口国和地区依次是中国台湾、韩国、荷兰（蔡幼华，2002）。中国大陆菊花对日本的出口呈稳步增长的态势，但与上述国家和地区相比还有很大的差距。目前出口的菊花普遍存在品质较差的问题，特别是出口到中国香港、新加坡和泰国等地的花卉，开放整齐度差、易折断、抗运输性差，与国际通行标准还有一定差距，很难达到出口标准（白松等，2003）。造成品质较差的原因是多方面的，由于自毒作用而导致的连作障碍是其中重要的原因之一①。而且随着农业产业结构的调整，菊花设施栽培面积将呈现增长的趋势，菊花生产的规模化、专业化和设施化的发展将导致连作障碍日益严重。自毒作用引起菊花品质下降一直是制约菊花国内外市场容量及出口创汇的原因之一，已引起业内人士的关注。

　　近些年的文献检索表明，许多重要园艺作物都存在化感作用研究的报道。如一些具观赏、食用及经济价值的植物向日葵、万寿菊、一枝黄花、牛蒡、莴苣等。另外，一些重要的蔬菜作物亦有自毒作用的研究报道。文献检索表明，国内外菊花自毒作用的研究仍属空白。而根据我们在安徽、江苏及上海等地的调查显示，菊花栽培过程中确实存在明显的连作障碍现象。某些观赏价值很高的主栽品种如高压太子、泉乡万胜、金龙腾云、丽金经过露地 2～3 年的连作之后即发生生长势下降、死苗而造成产量和品质的下降，已成为当今菊花商品化生产中的一个亟待解决的问题。有鉴于此，本章以连作障碍最为明显的高压太子品种为研究对象，探讨菊花不同部位水浸液对自身种子萌发、幼苗生长、盆栽生长及扦插生根的影响，为解决菊花及其他园艺作物连作障碍问题提供理论依据。

1　化感作用的概念

1.1　化感作用

　　化感作用（Allelopathy），又称他感作用、异株克生作用等，是由奥地

---

　　①　喻景权，杜尧舜．蔬菜设施栽培可持续发展中的连作障碍问题［J］．沈阳农业大学学报，2000（1）：124 - 126.

利科学家 Hans Molish 于 1937 年首次提出，在他的德文专著《Der einfluss einer flanze auf die andere - allelopathie》中首次使用这一表述，用该词来描述一种植物抑制邻近植物生长的生物化学相互作用[①]。1974 年，Elroy Leon Rice 在其《Allelopathy》专著中扩大了定义的范围，将一种植物（包括微生物）通过向环境中释放化学物质而对另一种植物（包括微生物）产生直接或间接的伤害都归为化感作用，E. L. Rice 的定义极大地推动了全世界植物化感作用研究。E. L. Rice 也被公认为现代化感作用研究的奠基人。

1.2　自毒作用

自毒作用（Autotoxicity）是指植物通过地上部淋溶、根系分泌、植株残茬及气体挥发等途径释放的化学物质对下茬或下茬同种或同科植物生长产生抑制的现象，又称自身化感作用（self - allelopathy）（喻景权等，2000；Rice，1984），是植物因无益代谢物的过度积累而受抑制的现象。1984 年 Rice 在《Allelopathy》（第二版）里根据对植物化感作用新的研究成果认为，植物之间的化感作用也可以在种内进行，而将自毒作用补充到植物化感作用的定义中，至此 Rice 关于植物化感作用（包括自毒作用）的定义被普遍接受，此后 10 多年首次将自毒现象也列入化感作用范畴。深入研究自毒作用及化感作用机理则是在 20 世纪 80 年代。另外，不得不提 Putnam 和 Tang 合编的《The Science of Allelopathy》，亦是另一经典著作。现已认为，自毒作用是导致植物连作障碍的主要因子之一，植物自毒作用及化感作用研究已成为化学生态学最活跃的领域之一。到目前为止，植物自毒作用的研究领域涉及天然生态系统、农业生态系统及人工生态系统（如设施园艺、园林植物等）。研究内容包括自毒作用物质或化感物质的分离与鉴定；自毒作用的机理；研究方法与技术；克服对策等。

菊科约有 1 000 属，25 000～30 000 种，是被子植物最大的一个科，广泛分布于全世界，我国约有 230 属，2 300 余种。在自然生态系统中，菊科植物多具有"攻击性"而易于形成单一群落。菊科植物的化感作用研究报道较多，有 37 个属存在化感或自毒作用，这些植物分别为经济作物、栽培作

---

① 　Molish H. , Der einfluss einer flanze auf die andere - allelopathie [M]. Germany：Fischer，1937.

物或野生植物。另外，菊科植物多具有观赏或药用价值，如菊属的菊花是世界四大切花之一，也是一种重要的盆花和地被植物，栽培面积较大，一些切花菊的主栽品种如高压太子、泉乡万胜、金龙腾云、丽金的连作障碍非常明显，导致产量与质量下降。此外向日葵、万寿菊等兼具观赏、食用及油料价值的作物都有化感作用及自毒作用的研究报道。因此，研究植物的自毒作用及化感作用不仅有利于进一步揭示植物自毒作用的本质，而且对确定合理的栽培对策及对人类有益自毒物质的进一步开发利用都具有理论意义和实践价值。

2　菊科植物中自毒及化感作用的属、种、自毒或化感物质及其化感潜势

菊科植物的许多属、种普遍存在自毒作用与化感作用，特别是对一枝黄花属、向日葵属、胜红蓟属、银胶菊属、蒿属植物等的研究较为深入，因这些属的植物或为分布较广的农田恶性杂草或具较高的观赏、经济价值。其中被鉴定出的自毒与化感物质多为萜类、聚乙炔类、酚类、有机酸类等，而且对多种受体植物表现出程度不同的抑制或促进的效应，见表 3 - 1。

表 3 - 1　菊科植物中存在自毒及化感作用的属和种及其化感潜势

属	种	释放途径	化感物质	化感潜势
泽兰属	紫茎泽兰 *E. adenophorum* 飞机草 *E. odoratum* *E. maximiliani*	叶片淋溶	9 - 酮—泽兰酮	抑制豌豆、三叶草、酸模生长，促进芦笋胚根的伸长
胜红蓟属	胜红蓟 *A. conyzoides*	叶片淋溶 残株分解	6，7 - 二甲氧基 - 2，2 - 二甲基色烯、5，22 - 二烯 - 3β - 豆甾醇、早熟素Ⅰ、早熟素Ⅱ、子丁香烯、红没药烯、3，3 - 二甲基 - 5 - 特丁基茚、乙酸莳醇酯	抑制稗草、萝卜、番茄、黑麦草的生长

（续）

属	种	释放途径	化感物质	化感潜势
假泽兰属	假泽兰 *M. cordata* 薇甘菊 *M. micrantha* *M. glomerata*	根系分泌 叶片淋溶 残株分解 离体培养	mikanolide、dihydromikanolide Caffeic acid p - hydroxybenzaldehyde，res- orcinol，vanillic acid. courmarin	抑制 *S. aureus* 和 *C. albicans* 的生长；抑制黑麦草的生长 抑制番茄、白菜的生长 抑制自身细胞的生长
向日葵属	向日葵 *H. annuus* *H. argopyllus* *H. tuberosus* *H. rigidus*	叶片淋溶 种子渗出 残株分解	酚类、萜类、甾类、倍半萜类 lepidimoide 色烯 反，反-大根香叶内酯	抑制金光菊、加拿大飞蓬、抑制单子叶植物的生长、 促进 *Orobanche cumana* 的种子萌发 抑制 *Azukia angulariz* 下胚轴的生长 自毒
银胶菊属	*P. hysterophorus* *P. argentatum*		豚草素 达牡素 银胶菊碱 反式肉桂酸	抑制胡萝卜和 *P. palmeri* 的种子萌发抑制番茄幼苗和银胶菊幼苗的生长 抑制 *Amaranthus palmeri* 和 *A. retroflexus* 的萌发
豚草属	*A. confertiflora* *A. cumenensis* *A. artemisiifolia* *A. trifida* *A. psilostachya* *A. elatior*	叶片淋溶 根系分泌 残株分解	confertiflorin 肉桂醇、ambrosic acid 萜类、烯醇类、聚乙炔类	抑制莴苣和水稻的生长抑制大豆和玉米种子的萌发 对 *A. retroflexus* 有明显促进作用 抑制莴苣、油菜、玉米的生长 驱避土壤线虫
苍耳属	*X. strumarium*	种子分泌 雨水淋溶	羟基苯甲酸、绿原酸、鞣酸	抑制大豆种子的萌发和胚根的生长
鬼针属	三叶鬼针草 *B. pilosa*		phenylheptatriyne	抑制向日葵、莴苣的生长
金光菊属	*R. occidentalis* *R. hipta*			抑制萝卜、水稻、黄瓜、绿豆种子萌发和幼苗的生长
蟛蜞菊属	*W. chinensis* *W. biflora*	根系分泌 植株淋溶	oxidoisotrilobolide - 6 - o - isobutyrate、 trilobolide - 6 - o - isobutyrate	抑制大豆的种子萌发、胚根和胚芽的生长 抑制真菌的活性
牛膝菊属	*G. parviflora*	残株分解		抑制 *Candida albicans* 和 *Cladosporium cucumerinum* 的生长

（续）

属	种	释放途径	化感物质	化感潜势
秋英属	*C. caudatus* *C. pringlei*	根系分泌	phenylpropane derivatives sesquiterpene lactones phenylpropanoids	抑制 *A. hypochondriacus* 胚根的生长
假蓬属	*C. sumatrensis*	根系分泌		使 *Pinus patula* 根部致病
蒿属	*A. annua* *A. absinthium* *A. tridentata* *A. maritima* L. *A. princeps* *A. californica* *A. vulgaris* *A. ordosica* *A. dracunculus*	叶片淋溶 根系分泌 雨水淋溶 残株分解 离体培养	terpenoids artemisinin pseudoguaianoides 桉树脑、樟脑 phenylpropenes	抑制 *Helianthemum squamatum* 的萌发 抑制浮萍叶的生长 抑制草本植物种子的发芽和幼苗的生长 抑制黄瓜的生长和促进呼吸作用 自毒
菊属	除虫菊 *C. cinerariaefolum* *C. vulgare*	根系分泌 残株分解	除虫菊酯（pyrethrin）	对昆虫有触杀和麻痹作用 抑制玉米种子的萌发
亚菊属	细叶亚菊 *A. tenuifolia*	细胞培养	Sesquiterpene lactones 松柏醛	抑制垂穗碱草的种子 萌发和幼苗生长
母菊属	淡甘菊 *M. inodora*	根系分泌		抑制农作物
飞廉属	麝香飞廉 *C. nutans* L.	种子渗出		抑制牧草和豆类种子的萌发和胚根的生长
蓝刺头属	*E. echinatus* *E. pappii*	根系分泌	2, 2′: 5, 2″- terthienyl	驱避土壤线虫
牛蒡属	牛蒡 *A. lappa*	种子渗出	lepidimoide	促进莴苣、番茄、豌豆幼苗生长、促进或抑制黄化尾穗苋幼苗的生长
蓟属	田蓟 *C. arvense* *C. vulgare*	植株浸提 残株分解		抑制落花生种子的萌发及根的伸长
矢车菊属	*C. repens* *C. diffusa* *C. maculosa* *C. solstitialis*	根系分泌	eupatoriochromene encecalin (-) - catechin	抑制单子叶植物胚根的生长 抑制甜菜的生长 抑制拟南芥的生长

（续）

属	种	释放途径	化感物质	化感潜势
凤毛菊属	S. lappa	根系分泌	costunolide	促进 Phaseolus aureus 的扦插生根
莴苣属	莴苣 L. sativa	种子渗出	lepidimoide	抑制或促进黄化尾穗苋的生长
山柳菊属	山柳菊 H. umbellatum	花粉化感		花粉胁迫作物的生长
千里光属	S. jacobaea	植株浸提		抑制牧草的生长
紫菀属	紫菀 A. tataricus	根系分泌 残株分解		抑制豚草种子萌发和幼苗生长 抑制向日葵的生长
飞蓬属	E. canadensis E. annuus		(5 - Butyl - 3 - oxo - 2，3 - di-hydrofuran - 2 - yl) - acetic acid	抑制莴苣的种子萌发
一枝黄花属	S. spp.	根系分泌 残株分解 叶片淋溶	dehydromatricaria；lepidimoide acetylenes；phenolics；terpenoids；sesquiterpene lactone；flavonoides	抑制莴苣的种子萌发 抑制芦笋胚根和下胚轴的生长
旋覆花属	旋覆花 I. thapsoides I. helenium	叶片淋溶 根系分泌 残株分解	lactones phenolics、ononin、hesperidin	影响芦笋叶片叶绿素的含量和净光合速率、抑制 A. Retroflexus 的生长、抑制 A. retroflexus 和 Chenopodium strictum 的生长
阔苞菊属	阔苞菊 P. lanceolata		咖啡酸	抑制乳浆草种子萌发、根的伸长及愈伤组织的生长
蝶须属	小叶蝶须 A. microphylla	离体培养		
金盏菊属	金盏菊 C. officinalis	气体挥发	triterpene alcohols	抑制共生植物的害虫生长
斑鸠菊属	斑鸠菊 V. esculenta	植株浸提	stigmastane - type steroid gluco-side	抑制芦笋幼苗的生长
堆心菊属	H. amarum	叶片淋溶		自毒
万寿菊属	万寿菊 T. erecta T. patula T. minuta	根系分泌 残株分解	倍半萜烯内酯、aromaticin、mexicannin Ⅰ、heleniamarin、hispidulin, phenolics	抑制苜蓿和意大利黑麦草的种子萌发 自毒

（续）

属	种	释放途径	化感物质	化感潜势
醴肠属	*E. alba*	根系分泌	皂角甙	抑制农作物的生长
菊苣属	菊苣 *C. intybus*	根系分泌	sesquiterpene lactones	
秋麒麟草属	*E. graminifolia*	根系分泌		抑制萝卜、莴苣根系的生长

3 自毒及化感物质的作用机理

植物自毒及化感作用的机理比较复杂，作用的机制也可能各种各样。因为自毒或化感物质很多，还存在着协同、拮抗或简单的加合作用，一些无活性的物质，往往在植物的自毒及化感也起重要的作用（孔垂华等，1998）。根据现有的研究材料，化感及自毒物质对受体植物的作用机理主要归纳为以下几个方面：

3.1 对受体植物代谢的影响

3.1.1 破坏受体植物的水分平衡关系

蝶须属的小叶蝶须（*Antennaria microphylla*）、假泽兰属的薇甘菊含有的化感物质咖啡酸（caffeic acid）对乳浆草（*Euphorbia esula*）、番茄和白菜生长的抑制首先表现在破坏其水分平衡关系；菊科植物广泛分布的酚类物质可引起受体植株水势降低，导致水分胁迫（Franciso et al，1998；Inderjit et al，1992）。

3.1.2 抑制氧化磷酸化

向日葵属植物向日葵中的化感物质向日葵类酯抑制受体植物的氧化磷酸化（宋启示，2000）；一枝黄花属植物一枝黄花中的脱氢母菊酯对芦笋种子的萌发表现出了非常明显的光照促进抑制现象，可能和脱氢母菊酯的光敏效应及活性氧的参与有关（Tsao et al，1996）。

3.1.3 抑制光合作用

香豆酸、阿魏酸等典型的酚酸类化感物质在高浓度时抑制水稻叶绿素的累积，表明这是造成叶绿素短缺的重要原因（Yang et al，2002）；*Prinsepia utilis* L. 叶片中挥发性萜类使蚕豆（*Vicia faba* L.）的气孔扩散阻力增加，导致气孔关闭（Rai et al，2003），减少叶片叶绿素含量，降低叶片的水势等途径抑制光合作用的光合效率（Mary et al，1982；Rice，1984）；向日葵和牛蒡属植物牛蒡（*Arctium lappa*）种子萌发时的黏液中含量较高的 Lepidimoide 能促进受体植物 Sigma-氨基酮戊酸（ALA）的合成及提高叶绿素的含量（Yamada et al，1996）；促进受体植物黄花尾穗苋（*Amaranthus caudatus* L.）下胚轴的生长，并且比赤霉素的效果要高 20～30 倍（Hasegawa et al，1992）；和激动素协同抑制离体燕麦叶片叶绿素含量的下降，抑制叶片衰老的进程（Miyamoto et al，1997）；影响 δ-氨基乙酰丙酸的含量水平，使某些双子叶植物的子叶在光照诱导下产生叶绿素的蓄积（Yamada et al，1998）；延缓菜豆（*Phaseolus vulgaris*）外植体叶柄的脱落（Miyamoto et al，1997）等。但也有相反的报道，如胜红蓟的化感物质早熟素Ⅱ能显著地降低受体植物萝卜、番茄的叶绿素含量（孔垂华等，1998）。

3.1.4 对呼吸作用的影响

自毒及化感物质对呼吸的影响是多方面的，既可以阻止 NADH 的氧化，抑制 ATP 酶的活性，降低 ADP/O 的比率，使氧化磷酸化偶联，从而抑制呼吸作用；又可刺激 CO_2 的释放，促进呼吸作用（Rice，1984）

3.1.5 对矿质元素吸收的影响

萜类自毒物质破坏受体植物营养吸收过程中金属元素的络合作用，使矿质元素养分无法透过细胞膜系统（Anaya et al，1996），干扰对矿质元素的吸收利用；酚类物质能抑制受体植物对矿质元素的吸收（Glass et al，1971）。

3.2 对受体植物膜系统的影响

自毒及化感物质可使细胞膜的透性增加，选择透过能力降低，电解质外渗（Einhellig，1985），许多学者认为这是受体植物受到伤害的早期征兆（Qwens，1969）。斑点矢车菊（*Centaurea maculosa*）根系分泌出的化感物质儿茶素（catechin）可以激发拟南芥（*Arabidosis thaliana*）体内的逆境信使（stress messengers），从而启动某些产生氧自由基因的表达，产生的氧自由基毒害根系细胞膜系统（Harsh et al，2003）；脱氢中美菊素 C（De-hydrozanin C）是从不同属的菊科植物中分离出的一种倍半萜类酯，可引起原生质膜破裂、原生质溶解，导致细胞内溶物快速渗漏，推测脱氢中美菊素 C 是通过两个独立的机制对受体植物发生作用，导致受体细胞膜功能丧失，证实脱氢中美菊素 C 环戊酮上的 α，β-不饱和羰基集团的反应只是其中机制之一（Juan et al，1999）；蒿属植物黄花蒿（Artemisia annua Linn.）中的化感物质青蒿素及其衍生物（Chen et al，1990）、从 Psacalium decomposi-tum 根系中提取的萜类物质 cacalol 及其衍生物（Anaya et al，1996；Tijani et al，1989）破坏受体植物籽粒苋（Amaranthus hypochondriacus）和孔雀稗［Echinochloa cruspavonis（H. B. K.）Schult.］的细胞膜，干扰对矿物质的吸收、抑制 ATP 酶的活性，发生亲核烷基化反应，从而抑制 ATP 的形成等。

3.3　影响由激素所诱导的生长

　　银胶菊属植物银胶菊中的化感物质银胶菊碱能够拮抗受体植物生长素的作用（Kuldeep et al，1990）；萜类则束缚 GA 的活性，抑制受体植物的生长（Tsao et al，1996）；使 IAA 脱羧，或者作为 IAA 氧化酶或过氧化酶的活化剂，从而阻止 IAA、GA_3 等诱导的幼苗生长（Putnam et al，1986）。

4　自毒及化感作用在农业上的应用研究

4.1　克服连作障碍

4.1.1　农田作物

　　国内外对农田作物的自毒作用进行了系统的研究，并已取得了可喜的进展。对水稻的自毒作用，包括作用机制（Olofsdotter，1998）、应用潜力（何华勤等，2001）、遗传及遗传生态学（林文雄等，2004；曾大力等，2003；徐正浩等，2003）及自毒种质资源（王大力等，2000；朱红莲等，2003）等各方面都有较为深入的研究。此外，重要经济作物小麦（Wu et al，2001）、甘蔗（Pushpa et al，2003；Gurusamy et al，2000）都有自毒研究的报道。

4.1.2 园艺植物

国内外对园艺植物连作障碍的研究予以了相当的关注，如蔬菜作物黄瓜（吕卫光等，2002；Yu，2001）、番茄（周志红等，1997）、芦笋（Nigh et al，1989）、牛蒡（陈大清等，1998）、莴苣（Khafagi，1998）、龙蒿（Artemisia dracunculus）（Cotton et al，1991）；果树及水果如桃（张爱君等，2002）、草莓（甄文超等，2004）；观赏树木如杉木（马祥庆等，2000；林思祖等，1999；朱斌等，1999）、马尾松（王爱萍等，2003）等都有较深入的研究，林木如油松—辽东栎混交林中存在一定的自毒及化感作用，混交林下的枯落叶、半分解枯落叶及表层土壤水浸液对油松种子的萌发和幼苗根、茎的生长有显著的影响，表现为抑制的强度与水浸液的浓度有正相关关系（贾黎明等，1995）。文献检索还表明，观赏植物向日葵、万寿菊、一枝黄花等重要园艺作物都有自毒作用研究的报道。

4.1.3 菊花

菊花是我国十大名花及世界四大切花之一，对目前农业产业结构调整有非常重要的作用。据调查，菊花存在着明显的连作障碍现象，导致切花菊的品质下降。切花及盆栽菊的某些栽培品种如高压太子、泉乡万胜、金龙腾云、丽金经过露地 2～3 年的连作之后即发生生长势下降、死苗而造成产量和品质的下降，失去商业栽培价值，必须更换栽培品种、栽培地点或采取其他的栽培措施，影响到稳定而连续的产品供应，同时增加生产成本，已成为当今菊花商品化生产中的一个亟待解决的问题。因此需要对包括菊花在内的园艺作物的连作障碍机理做进一步的研究，以期提出有效的对策。

4.2 自毒及化感物质的开发利用

目前，利用某些菊科植物的化感物质抑制杂草的生长，从而达到生物防治杂草的目的，已成为一个新的研究热点。由于化学除草剂和杀虫剂的大量使用，导致杂草、害虫产生抗药性的负面效应，而化感物质的研究可为开发出新作用靶点的除草剂和杀虫剂提供新思路（Macias et al，2001；Dayan et al，2000）。研究表明，大根香叶类酯（germacranolides）（Macias et al，1999）、青蒿素及其衍生物（Chen et al，1990）、脱氢中美菊素 C（Macias et al，2000）均可作为天然的植物生长调节物质，直接用作除草剂或用作天然除草剂合成的模型物；利用某些菊科植物的化感作用，通过轮作、间作、覆盖（Nagabhushana et al，2001）等栽培措施，减少甚至逐步代替化学除草剂，这对农业的可持续发展无疑具有极为重要的意义。如有研究分别对一枝黄花（Vyvyan et al，2002）、向日葵（Francisco et al，1999、1998、1996）等菊科植物中的自毒及化感物质银胶菊碱、萜类、酚类、倍半萜类开发新型生物除草剂进行了有益的探讨；研究一枝黄花中的化感物质环色烯酮合成酶—古芸烯合成酶的分离、特性及作用机理，认为是通过一种环化机制，从前体反，反-法尼基双磷酸环化开始，继而合成倍半萜（Claus et al，1996）；向日葵内酯生物合成的可能前体、中间体和一系列分解产物及青蒿素生物合成的可能前体（Chen et al，1990）为人工合成高效、安全的新型生物除草剂和杀虫剂提供了新的思路。Duke 等（2002）认为，应用自毒及化感物质作为生物除草剂有两个基本途径：一是直接用作除草剂或者作为新型除草剂合成的模板；二是用某些具有化感潜势的植物作为竞争植物或覆盖植物，抑制其他杂草的生长。

　　另外，某些对人类有益的自毒及化感物质的应用研究也是一个感兴趣的领域之一。已有研究证实，某些化感物质作为新型的植物生长调节物质，直接产生促进生长效应。如存在于向日葵、牛蒡、莴苣中的 Lepidimoide 可以明显促进受体植物叶绿素的合成，特别是在低光照条件下也具有促进作用，促进受体植物生长。作为一种已被国际确认的促进型化感物质，日本已投入巨资对 Lepidimoide 进行产业化开发。采用基因工程技术，在确定了有关关键酶及其编码基因的条件下，可产生更有生化活性的化感物质，或者改变有关的生化代谢途径，产生大量新的对人类有益的化感物质。如 Kakuta 利用转基因技术，把控制 Lepidimoide 合成的相关基因导入到尾穗苋幼苗的细胞，促进了其幼苗的生长（Kakuta，1993）；青蒿素生物合成途径属于类异戊二烯代谢途径，其生化合成的关键步骤是环状杜松烯类的合成及其前体法尼基焦磷酸（FPP）的供应。陈晓亚等已将杜松烯合成酶和 FPP 合成酶基因导入青蒿中，在转录水平上已有表达；模式植物胡椒薄荷（*Mentha piperita*）单萜生化合成相关基因的成功克隆和遗传转化（Mahmoud et al，2002），对菊科植物化感物质，特别是萜类化感物质的开发与利用研究提供了借鉴。尽管目前成功的例子还不多，但无疑是个大为看好、值得努力的研究方向。

4.3　维护生态平衡，控制外来恶性杂草蔓延

近年来，随着某些外来恶性杂草的侵入和日益蔓延，它的危害性，特别是对农田生态系统潜在的巨大危害已引起普遍的关注。如我国东北地区的豚草、长江流域的加拿大一枝黄花、广东珠江三角洲的薇甘菊等均已产生了巨大的危害，引起了有关专家学者的高度重视，对这些外来杂草的化感作用及化感物质的研究随之展开。另外，单斑点矢车菊（*C. maculosa*）已经侵占了美国40多万hm^2的土地，有35个州已经将其列为有害杂草。如何应对当前几近难以控制的局面，维护我国生态系统的平衡及生物的多样性，已成为当务之急。目前的应对之策包括：开展菊科等植物中恶性杂草的种群动态及其构成的植物群落的调查研究，了解化感物质在植物群落演替及植被发展过程中的作用。在此基础上通过人工防治、生物防治、替代控制及现代基因工程技术等途径共同抑制其蔓延。如已在斑点矢车菊中发现存在抗儿茶素基因（Francisco et al，1996），该基因能够使其在自身分泌的儿茶素的环境中存活，启发我们培育出抗斑点矢车菊等外来恶性杂草的转基因植物品种，遏制杂草危害。而菊科植物的化感作用，特别是化感物质在杂草控制和可持续农业上的应用成为一个新的研究热点。2003年国家环保总局公布的首批入侵我国的16种危害极大的外来物种名单中，紫茎泽兰、薇甘菊、豚草、飞机草均为菊科植物，其中紫茎泽兰列为首位。紫茎泽兰原产墨西哥，自缅甸、越南进入我国云南，现已蔓延到广西、贵州境内，并入侵到长江三峡一带，严重危害我国生态系统的稳定及生物的多样性，加强对包括菊科植物在内的自毒及化感作用研究已刻不容缓。

5　展望

当前，农业的可持续发展和保护生态环境是国际社会关注的热点问题，同时也是现代农业发展的必然趋势。充分利用植物在自毒及化感作用机理和应用研究上的潜力，对促进农业生态系统的良性循环，减少有害化学物质的使用都有着极为重大的现实意义。今后应加强如下6个方面的研究：①植物自毒及化感物质的生物合成途径、关键酶的特性；②自毒及化感潜势物种资

源的调查、评价及利用；③植物自毒及化感作用在自然生态系统中演变及平衡的作用规律及机制；④重要作物自毒的生化机制及克服途径；⑤具应用前景的植物化感基因的克隆和转基因，并对受体植物基因的表达与调控进行研究；⑥加强植物化感作用在可持续农业应用上的研究及开发。如继续开发有益的化感物质作为新型的植物生长调节剂，或以之为模板设计新的对环境无污染、无残留的高效"软性"农药等。

第4章
不同部位、不同浓度水浸液对菊花栽培品种高压太子种子萌发及幼苗生长的影响

　　自毒作用是指植物通过地上部淋溶、根系分泌、植株残茬及气体挥发等途径释放的次生代谢产物对下茬或下茬同种或同科植物生长发育产生抑制的现象，又称自身化感作用（self-allelopathy）（喻景权等，2000；Rice，1984）。近二十年来，园艺作物等的连作障碍的原因受到国内外的广泛关注，取得了一些进展。特别是在设施园艺快速发展的形势下，大量研究集中于连作引起的土壤理化性质、土壤微生物及生化活性的改变等导致的产量及质量的下降，而没有注意到自身淋溶或分泌于土壤中某些生物化学活性物质对自身所起毒害作用即自毒的可能性。关于自毒作用引起作物连作障碍的问题，国内外有不少报道（周凯等，2004；Putnam，1986），但是，有关菊花自毒作用的研究还是空白。

　　水浸液处理对受体植物种子萌发及幼苗生长的影响是评价自毒及化感作用的一个公认的研究方法，已有较多的研究报道（郭维明等 2000；Chon et al，2000；林思祖，1999；Warrag，1995）。本章在参考已有文献的基础上，选择菊花种子和幼苗作为受体，探讨菊花不同部位的水浸液对自身种子萌发和幼苗生长的影响，拟通过对菊花自毒作用的研究为揭示菊花连作障碍的原因提供科学依据。

1　材料与方法

1.1　材料

菊花栽培品种高压太子的枝、叶、根系、枯落物（120 日龄）及种子均由安徽省界首市友邦菊业有限公司提供。用于收集根系分泌物的菊花品种高压太子株龄为 120 天。根际土壤取自连作 3 年的菊花露地栽培的土壤，其农化性状见表 4-1。

表 4-1　连作菊花品种高压太子土壤的农化性状

供试土壤	速效磷 （mg/kg）	速效钾 （mg/kg）	全氮 （g/kg）	有机质 （g/kg）	pH （土∶水＝1∶2.5）
根际土壤	32	117	1.16	12.3	7.2

1.2　研究方法

1.2.1　不同水浸液的制备

1.2.1.1　菊花根际土壤水浸液的制备

参考文献（王大力等，1996）的方法并有所改进。

取风干的根际土壤，研磨后过 18 目筛，按 8∶10（W/V）的比例浸泡于烧杯中，充分振荡后静置过夜，离心（1 811×g，24℃，10min），取上清液过滤。将滤液经过 51℃旋转蒸发浓缩仪（ZFQ-85A 型，下同）减压浓缩，参考当前化感研究普遍使用的浓度，最后将水浸液定容配制成 4∶10（W/V）（即相当于 4g 干重根际土壤样品浸于 10mL 去离子水中，下同）、8∶10、16∶10 的水浸液，放入 4℃冰箱中备用。

1.2.1.2　菊花枝、叶、根系水浸液的制备

取高压太子整株，先用水清洗植株上及根系上黏附的灰尘，分成枝、叶和根系三部分，分别晾干，剪切成 1cm 小段，按 1∶10（W/V）的比例用去离子水浸泡 24h，过滤，将滤液经过 51℃旋转蒸发浓缩仪减压浓缩，最后定容配制成 4∶10、8∶10、16∶10 的水浸液，放入 4℃冰箱中备用。

1.2.1.3 枯落物水浸液的制备

取自然风干的连作菊花枯落物粉碎，过筛备用。称取枯落物干粉，按 1：10（W/V）的比例用去离子水浸泡 72h，间歇振荡。过滤，将滤液经过 51℃旋转蒸发浓缩仪减压浓缩，最后定容配制成 4：10、8：10、16：10 的水浸液，放入 4℃冰箱中备用。

1.2.1.4 根系分泌物的制备

2003 年 3 月扦插菊花品种高压太子于南京农业大学玻璃温室内，15d 后待根长 5cm 左右时，将扦插苗小心从扦插基质中取出，冲净黏附在植株根系上的培养基质。于 12cm×8cm×5cm 的塑料培养箱上覆盖厚 3cm 的泡沫塑料板，每板设 9 个 Φ3cm 小孔，将 9 株生根一致的菊花扦插苗插于孔中。以稀释 1 倍的 Hoagland 营养液为无土栽培的营养液，并用增氧器连续通气增氧，每 3d 更换一次营养液。收集 120d 苗龄后的根系分泌物：先取出菊花植株，吸水纸吸干水分，称量其鲜重。按 1：10（W/V）的比例用去离子水做培养液，3d 后取出残液。再用稀释 1 倍的 Hoagland 营养液为无土栽培的营养液培养 7d，继续用去离子水收集根系分泌物。将收集到的残液集中浓缩待用，减压浓缩的条件：（51±2）℃，0.095APM。分别浓缩成 4：10（即相当于每毫升去离子水含有 0.4 克鲜重植株在 3d 之内的根系分泌物，下同）、8：10、16：10 的水浸液待用。

1.2.2 不同水浸液的种子萌发生物检测

各取上述水浸液 5mL，加入盛有两层滤纸的 9cm 培养皿中，菊花种子用 0.1％升汞消毒 1min，无菌水冲洗 3 次。每一个培养皿摆放 50 粒菊花种子，三次重复，对照均为去离子水。将培养皿置室内于常温下发芽，发芽期间（8d）逐日记录发芽数。

1.2.3 菊花各部位水浸液对幼苗生长影响的生物检测

参考文献（曾任森等，1993）方法。为消除水浸液离子强度对幼苗生长的影响，将上述水浸液稀释 4 倍。取 10mL 加入盛有两层新华定性滤纸的柱形玻璃瓶中（5.5cm×9.5cm），选取萌发一致的种子置于滤纸之上，以去离子水为对照，定时补充少量水浸液。每瓶菊花幼苗 10 株，重复 3 次。置于实验室自然光下发芽，11d 后将幼苗从瓶中取出，用吸水纸吸干残留水分，测量幼苗的株高、根长和鲜重。

1.2.4 水浸液活性炭（AC）吸附及不溶性聚乙烯吡咯烷酮（PVP）处理后对菊花种子萌发及幼苗生长的生测

水浸液＋AC 溶液制备。叶水浸液用 AC（2∶100，W/V）吸附 1h 后过滤，将吸附之后的水浸液进行幼苗生长的生测，同上。

水浸液＋不溶性 PVP 溶液制备。往 50mL 的叶水浸液中分别添加 2.0g、0.2g 不溶性（PVP），离心（1 800×g，10min，10℃），弃去沉淀得到上清液，生测同上。

1.3 指标测定

1.3.1 生长指标

菊花种子萌发的最终发芽率（GR）、发芽指数（G_i）计算参考文献（顾增辉等，1982）的方法：

$$发芽指数 = \sum G_i / I(\%d)$$

式中，G_i 指培养第 i 天的发芽率（%），i 指培养时间（d）。

1.3.2 生理生化指标的测定

根系脱氢酶活性的测定采用三苯基氯化四氮唑（TTC）法；硝酸还原酶的测定参考张志良的方法，取基部倒数第 5 片叶；丙二醛（MDA）含量的测定采用 TBA 法（李合生等，2000），取基部倒数第 4 片叶。

1.4 数据处理及统计

1.4.1 数据处理

参照孔垂华等（1998）、Williamson 等（1988）提出的响应指数 RI（response index）作为衡量菊花不同部位水浸液自毒效应的大小。即：

$$RI = \begin{cases} 1-C/T & 当 T \geqslant C \\ T/C-1 & 当 T < C \end{cases}$$

式中，C 为对照值，T 为处理值，$RI \geqslant 0$ 为促进，$RI < 0$ 为抑制，定义对照的 RI 值为 0，绝对值的大小与作用强度一致。

1.4.2 数据统计

所得数据（除注明外，均用以原始数据）用 SPSS 软件进行差异显著性分析。a 和 A 分别代表在 5% 和 1% 水平上的差异显著性。

2 结果与分析

2.1 不同水浸液对菊花种子萌发的影响

表 4-2 的结果表明，随着水浸液处理浓度的升高，各种水浸液均呈现出抑制菊花种子萌发的趋势。与各对照相比，随着水浸液处理浓度的增加，最终萌发率和发芽指数下降渐趋显著，而根际土壤水浸液、根系水浸液和根系分泌物对高压太子种子萌发的抑制作用不明显。茎、根系和根系分泌物水浸液甚至在较低的浓度下还会促进种子的萌发，这可能与水浸液中自毒物质含量较少有关。茎、根系和根系分泌物水浸液对菊花种子萌发表现出的低浓度促进、高浓度抑制现象，在其他材料上的研究也有相似的结论（周凯等，2004；慕小倩等，2003；贾黎明等，1996）。叶、枯落物水浸液处理对菊花种子的萌发有显著的抑制作用，随着处理浓度的提高，与对照的差异都达到极为显著的水平。总体上，各部位水浸液（16∶10）对菊花种子的最终发芽率和发芽指数的总响应指数（绝对值，下同）的大小顺序是叶（0.757）＞枯落物（0.741）＞茎（0.529）＞根系水浸液（0.251）＞根系分泌物（0.226）＞根际土壤（0.175），即为自毒作用由强到弱的顺序。

实验中还观察发现，不同水浸液处理后菊花幼苗根系形态也发生了较大的变化。表现为幼根呈黄褐色，短硬，发生扭曲现象（王大力等，1996），参见图 4-1。形态的变化被认为是化感物质改变了受体内激素的分配，从而导致根系受到影响，也可能是改变了受体的水分平衡（Vaughan，1992）。

表 4-2 连作菊花不同部位不同浓度水浸液对菊花高压太子种子萌发的影响

不同水浸液	浓度（w/v）	发芽指数 RI	萌发率 RI	总 RI
	CK	0.000aA	0.000aA	0.000
枯落物	4∶10	−0.182bB	−0.174bB	−0.356
	8∶10	−0.273cC	−0.248cC	−0.521
	16∶10	−0.428dD	−0.313dD	−0.741

（续）

不同水浸液	浓度（w/v）	发芽指数 RI	萌发率 RI	总 RI
叶	CK	0.000aA	0.000aA	0.000
	4∶10	−0.162bB	−0.041aA	−0.202
	8∶10	−0.218cC	−0.246bB	−0.464
	16∶10	−0.393dD	−0.364cC	−0.757
茎	CK	0.000aA	0.000aA	0.000
	4∶10	+0.084bA	+0.050bA	+0.134
	8∶10	−0.208cB	−0.153cAB	−0.361
	16∶10	−0.325dC	−0.204dB	−0.529
根际土壤	CK	0.000aA	0.000aA	0.000
	4∶10	−0.050abA	−0.026abA	−0.076
	8∶10	−0.064abA	−0.058bA	−0.112
	16∶10	−0.070bA	−0.105bA	−0.175
根系	CK	0.000aA	0.000aA	0.000
	4∶10	+0.105bBC	+0.057bA	+0.162
	8∶10	−0.092bB	−0.055aA	−0.147
	16∶10	−0.141cC	−0.110bA	−0.251
根系分泌物	CK	0.000aA	0.000aA	0.000
	4∶10	+0.044aA	+0.025aA	+0.069
	8∶10	−0.106bAB	−0.090abA	−0.196
	16∶10	−0.120cB	−0.106bA	−0.226

注：总萌发时间：8d；CK：对照；RI 为同一处理3次重复响应指数的平均值；＋和－分别表示促进和抑制；表中数据为同一处理自毒效应的平均值；表中字母大小写分别表示差异显著性水平（a＝0.05，A＝0.01）；下同。

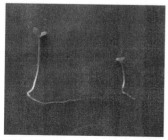
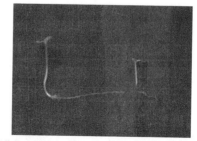

叶水浸液（16∶10）（左为对照，右为处理）　　枯落物水浸液（16∶10）（左为对照，右为处理）

图 4-1　叶片水浸液处理对菊花品种高压太子幼苗根形态的影响

2.2 水浸液对菊花幼苗生长的影响

表 4-3 统计结果表明，随着处理浓度的升高，不同部位水浸液处理对菊花幼苗的根长、株高及鲜重均有抑制作用。其中，对根长的抑制作用最强，响应指数在较高浓度下均与对照有显著的差异，以叶水浸液和枯落物水浸液的抑制作用最为显著。其次是对株高的抑制，以叶水浸液的抑制强度最大。对鲜重的抑制最弱，并且各部位水浸液之间的差异并不明显。依响应指数的绝对值，抑制强度的顺序是根长＞株高＞鲜重。

水浸液处理对菊花幼苗生长还表现出浓度梯度效应，即随着浓度的升高，对根长与株高的抑制趋势越明显。叶、枯落物、茎和根际土壤水浸液浓度为 4∶10 时，均比对照有极其显著的差异，但用较低的浓度处理（1∶10）时，水浸液对幼苗的生长还有促进作用。根系水浸液和根系分泌物对幼苗的生长基本没有影响。

表 4-3　不同部位水浸液对菊花品种高压太子幼苗生长响应指数的影响

水浸液处理	浓度（w/v）	株高 RI	根长 RI	幼苗鲜重 RI	总响应指数 RI
枯落物	CK	0.000aA	0.000aA	0.000aA	0.000
	1∶10	−0.104bB	−0.200bB	−0.017aA	−0.321
	2∶10	−0.140cC	−0.309cC	−0.038bAB	−0.487
	4∶10	−0.166dD	−0.357dD	−0.082cB	−0.605
叶	CK	0.000aA	0.000aA	0.000aA	0.000
	1∶10	−0.129bB	−0.200bB	−0.073bAB	−0.402
	2∶10	−0.132bB	−0.250cC	−0.070bA	−0.452
	4∶10	−0.241cC	−0.314dD	−0.098cB	−0.653
茎	CK	0.000aA	0.000aA	0.000aA	0.000
	1∶10	−0.101bAB	−0.165bAB	−0.024aA	−0.290
	2∶10	−0.094bA	−0.197cB	−0.059bAB	−0.350
	4∶10	−0.120cB	−0.224dC	−0.093cB	−0.437
根际土壤	CK	0.000aA	0.000aA	0.000aA	0.000
	1∶10	+0.055bA	+0.120cB	+0.036bA	+0.221
	2∶10	−0.073bAB	−0.096bAB	−0.054cA	−0.223
	4∶10	−0.108cB	−0.147cB	−0.069c	−0.324

（续）

水浸液处理	浓度（w/v）	株高 RI	根长 RI	幼苗鲜重 RI	总响应指数 RI
根系	CK	0.000aA	0.000aA	0.000aA	0.000
	1∶10	+0.062bA	+0.070aA	+0.071bA	+0.203
	2∶10	−0.109bAB	−0.109bA	−0.090bA	−0.308
	4∶10	−0.124cB	−0.103bA	−0.082bA	−0.309
根系分泌物	CK	0.000aA	0.000aA	0.000aA	0.000
	1∶10	+0.046aA	+0.061bA	+0.080bAB	+0.187
	2∶10	−0.070bAB	−0.077bA	−0.061bA	−0.208
	4∶10	−0.103cB	−0.092cA	−0.095cB	−0.290

综合 4∶10 水浸液处理对根长、株高和鲜重的响应指数，抑制的强度顺序为叶（0.653）＞枯落物（0.605）＞茎（0.437）＞根际土壤（0.324）＞根系（0.309）＞根系分泌物（0.290），这是不同水浸液自毒效应的直观体现。

2.3 活性炭和不溶性 PVP 吸附处理之后水浸液对菊花幼苗生长的影响

活性炭对水浸液中较为疏水的有机物有较强的吸附作用，不溶性 PVP 对酚类物质有专一性吸附。表 4 - 3 表明，叶水浸液对幼苗根长的抑制作用最显著，故以该部位水浸液经 AC 和不溶性 PVP 处理后用于生测。测定结果表明，当叶水浸液经过 AC 与不溶性 PVP 处理后对菊花幼苗根长的抑制作用明显减弱（图 4 - 2）。其中，水浸液经 AC 处理之后对幼根伸长的抑制

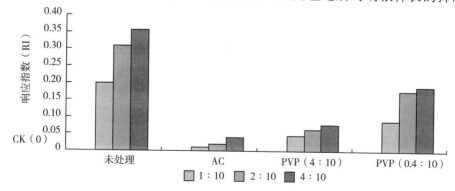

图 4 - 2　PVP 和 AC 处理后的叶片水浸液处理对菊花品种高压太子
幼苗根伸长生长的影响

作用最大，说明水浸液中自毒物质是一类易被活性炭吸附的疏水性有机物质。不溶性 PVP 处理的水浸液抑制作用较弱，而以 0.4∶100（w/v，下同）不溶性 PVP 处理后的作用最弱。对自毒缓解能力的大小为 AC>PVP（4∶100）>PVP（0.4∶100）。暗示易被不溶性 PVP 吸附的酚类化合物是自毒物质的一部分，是导致自毒作用的原因之一。随着不溶性 PVP 用量的增加，吸附能力的增强，水浸液中残存的酚类物质减少，自毒作用减弱。

2.4 不同水浸液处理对幼苗生理生化特性的影响

2.4.1 硝酸还原酶活性

硝酸还原酶是植株对 NO_3^- 态 N 吸收同化的一项重要的生化指标，是植物氮素代谢作用的关键酶之一，与土壤氮素营养状况密切相关。实验结果表明，随着不同部位水浸液浓度的升高，硝酸还原酶活性逐渐降低。其中枯落物和茎水浸液显著抑制幼苗根系硝酸还原酶的活性，进而抑制了菊花幼苗对硝态氮的吸收和利用。而根际土壤、根系及根系分泌物的作用则较弱，甚至低浓度还提高了其活性。4∶10 水浸液对硝酸还原酶活性抑制的响应指数顺序是：茎>枯落物>叶>根系>根际土壤>根系分泌物。

2.4.2 根系脱氢酶活性

植物组织还原 TTC 的能力是呼吸电子传递链活性的一种表现。

表 4-4 连作菊花不同部位水浸液对高压太子幼苗硝酸还原酶、
根系脱氢酶活性及 MDA 含量的影响

水浸液处理	浓度（w/v）	硝酸还原酶 RI	根系脱氢酶 RI	MDA 含量 RI
	CK	0.000aA	0.000aA	0.000aA
枯落物	1∶10	+0.078aA	+0.054bA	+0.114bB
	2∶10	−0.125bB	−0.593cB	+0.243cC
	4∶10	−0.417cC	−0.848dC	+0.304dD
	CK	0.000aA	0.000aA	0.000aA
叶	1∶10	+0.100bAB	+0.322bB	+0.167bB
	2∶10	−0.171cB	−0.690cC	+0.252cC
	4∶10	−0.375dC	−0.930dD	+0.328dD

（续）

水浸液处理	浓度（w/v）	硝酸还原酶 RI	根系脱氢酶 RI	MDA 含量 RI
茎	CK	0.000aA	0.000aA	0.000aA
	1∶10	+0.172bB	+0.345bB	+0.112bB
	2∶10	−0.223cC	−0.535dC	+0.103bB
	4∶10	−0.465dD	−0.519cC	+0.196cC
根际土壤	CK	0.000aA	−0.000aA	0.000aA
	1∶10	+0.014aA	+0.027aA	+0.049bAB
	2∶10	−0.055bA	−0.164bB	+0.071cB
	4∶10	−0.129cB	−0.179cB	+0.065cAB
根系	CK	0.000aA	0.000aA	0.000aA
	1∶10	+0.026aA	−0.130bB	+0.028aA
	2∶10	−0.100bA	−0.227cC	+0.096bA
	4∶10	−0.111bA	−0.239dC	+0.090bA
根系分泌物	CK	0.000aA	0.000aA	0.000aA
	1∶10	+0.045aA	−0.216cB	+0.037aAB
	2∶10	−0.042aA	−0.200bB	+0.080bB
	4∶10	−0.114bB	−0.227cB	+0.107cB

　　根系脱氢酶活性的强弱直接影响根系的吸收功能，是判断根系活性强弱的一个重要的生理指标。结果表明，根系活力受到水浸液的明显抑制。随着处理的浓度升高，抑制的强度越大。与对照相比，枯落物、叶及茎水浸液对根系活力的抑制均达到极其显著的水平，显示出这三种水浸液处理对根系活力的抑制最为明显。对根系脱氢酶活性抑制的响应指数顺序是：叶＞枯落物＞茎＞根系＞根系分泌物＞根际土壤。

　　从表 4-4 中还能发现，水浸液对根系脱氢酶的抑制强度要高于对硝酸还原酶活性的抑制强度，说明根系呼吸电子传递系统有关的氧化还原酶系对不同水浸液的作用更敏感。

2.4.3　膜脂过氧化

　　植物在遭受逆境条件下，往往发生膜脂过氧化作用，丙二醛（MDA）是其产物之一，通常利用它作为膜脂过氧化程度的指标，表示细胞膜脂过氧化程度和植物对逆境条件反应的强弱。表 4-4 丙二醛含量测定表明，水浸液处理之后幼苗膜脂过氧化水平逐渐增强。表明膜脂受到了自由基的伤害，叶水浸液和枯落物水浸液处理后这种伤害表现得尤其明显。同时发现，叶水浸液和枯落物水浸液处理对根系脱氢酶、硝酸还原酶活性的影响及 MDA 含量的变化趋势是对应的。

3　讨论

菊花根系脱氢酶活性下降，硝酸还原酶活性受抑制和膜脂过氧化水平的上升表明，水浸液对菊花的幼苗苗高与根长的抑制表现出一种自毒作用，这可以部分地解释菊花连作障碍的机理。菊花自身植株密度过高，通过雨水淋溶、枯落物分解及根系分泌等途径向附近的土壤不断分泌具有自毒活性的化学物质。当自毒物质积累到一定程度，超过某一临界浓度以后产生自毒作用，抑制体内某些重要酶的活性，膜质受到了过多自由基的伤害，损伤了体内的膜系统，导致各项生理活动受阻，生长受到抑制。自毒作用不但可以控制其群落保持适当的植株密度，防止因过高的密度使群落发生衰退，并促使群落向周围扩散，而不是集中于某一区域。

本研究显示，菊花不同部位水浸液中自毒物质是一类容易被活性炭吸附的活性物质，其中含有酚类物质。酚类物质是一种重要的自毒及化感物质，已证实多种具自毒和化感潜势的植物存在酚类成分（Inderjit，1996）。菊科的向日葵、菊苣、阔苞菊、北艾等都有酚类自毒物质的报道，本研究是第一次报道菊花的自毒物质中亦有酚类物质的存在。这为缓解生产上由于自毒作用导致的连作障碍提供了解决的思路。

以上述结果为依据，对克服菊花连作过程的自毒作用，建议采取如下对策：

（1）采用具吸附能力的栽培基质。这类栽培基质像活性炭和 PVP 一样能吸附自毒或化感物质，结合浇灌，定期用水冲洗。栽培床下应设置一些粒径较粗，便于排水的基质，如煤渣、芦苇末等，能够减轻根际土壤自毒物质的积累，提高自毒作用发生的临界浓度。

（2）人为调整耕作制度，避免自毒物质的积累，应有助于防止自毒作用的发生。采用轮作制度，避免菊花连年种植，通过改善土壤的营养状况，减少病虫害，可以避免自毒物质在土壤中的积累。或者，残留于土壤中的自毒物质可能挥发、分解或被土壤吸附固定，而使浓度降低到临界浓度以下，从而不足以对作物自身产生任何毒害作用，达到缓解自毒作用的目的。

（3）施用有机肥。研究证实，设施栽培条件下的连作障碍可应用生物有机肥达到减轻自毒作用的效果（张春兰等，1999），有机肥含有丰富的微生物和各种养分，可改善根际土壤微生态环境，减轻作物的自毒作用（吕卫光等，2002），腐殖酸中的有机无机复合体是消除植物毒素的天然装置（Rice，1984）。

从本章的研究结果来看，自毒作用是造成菊花连作障碍的重要原因之一。菊花的栽培应避免连作，采用与其他园艺作物或农作物轮作的方式，不仅能改善土壤的营养状况，减少病虫害，同时也可以避免自毒物质在土壤中的积累，使自毒物质的浓度降低到临界浓度以下，达到缓解自毒作用的目的。

不同水浸液处理对幼苗生长抑制强度的顺序与对根系脱氢酶和硝酸还原酶活性的抑制强度顺序不尽符合，这可能是自毒物质对某些酶活性的抑制发生在前，最终显现抑制的结果要有一个过程，同时要结合对其他生化过程的影响。同时，也有可能是某些生理生化过程对自毒物质敏感程度不同造成的。

4　结论

（1）菊花不同部位水浸液对种子萌发和幼苗生长存在抑制作用，抑制作用强度依种类有差异。其中叶、枯落物和茎水浸液表现出明显的抑制作用，而根际土壤、根系及根系分泌物的抑制作用较弱，甚至在较低的浓度时促进种子萌发和幼苗的生长。水浸液对菊花种子萌发及幼苗生长自毒作用强度的顺序为：叶＞枯落物＞茎＞根际土壤＞根水浸液＞根系分泌物。

（2）叶、枯落物和茎水浸液对根系脱氢酶活性、硝酸还原酶活性有显著的抑制作用，幼苗体内酶活性随水浸液浓度的升高显著降低，而体内 MDA 含量也有相应升高的变化。

（3）水浸液经过活性炭和不溶性 PVP 处理之后自毒作用明显减弱，表明水浸液中存在包括酚类物质在内的自毒物质。

第 5 章

不同部位、不同浓度水浸液处理
对菊花品种高压太子扦插生根及
生理生化特性的影响

插穗生根与诸多物质的含量与代谢标志酶活性及变化密切相关，并对不定根的形成产生作用。现已证实，插穗可溶性蛋白质与植物根的形态发生有关（葛云侠等，2001），蛋白质有调节细胞生长和分化的功能，又是细胞原生质的主要组成部分，贮藏蛋白质则是植物生长发育所必需的（李玲，1997）。碳水化合物水平与插穗生根有关，其中可溶性糖含量水平直接反映了生物能源物质的供给与转化情况，可溶性糖积累于插穗基部，可诱导根原基和不定根的形成，可溶性糖为大量不定根的形成提供了营养物质（催澄，1983）。

关于植物水浸液对插穗生根的生物学效应研究曾有过一些报道。如尾叶桉（*Eucalyptus urophylla*）茎水浸液对绿豆（*Phaseolus aureus*）插穗发根影响的研究（黄卓烈等，1997）；扁核木（*Prinsepia utilis*）和栎属短叶栎（*Quercus incana*）的种子渗出液对菜豆（*Phaseolus vulgaris*）子叶扦插生根的研究（Kakkar et al，1991）；树牵牛（*Ipomoea fistulosa*）茎和叶浸提液对菜豆茎扦插生根的研究（Thakur，1990）等，但水浸液对自身插穗生根的生物学效应研究尚未见报道。本章以菊花品种高压太子为试材，探讨菊花不同部位水浸液处理对菊花扦插生根能力与若干生理指标的关系，为进一步研究菊花的自毒机理提供理论依据。

1 材料与方法

1.1 材料

菊花品种高压太子插穗由南京友邦菊花有限责任公司提供。插穗选择的标准是：为菊花苗的顶部区域；健康、粗壮、无病虫害；从顶端向下大约10cm，保证插穗上有3～4片以上叶子，插穗粗度大小一致。

1.2 菊花品种高压太子扦插生根及不同部位、不同浓度水浸液处理

实验是在南京农业大学园艺楼玻璃温室中进行的。水浸液的制备同前所述。选长势整齐一致的插穗扦插于塑料小花盆（Φ10cm）中，扦插基质为蛭石。盆底下置一培养皿，每盆8株，扦插前用100mL的水浸液（对照为去离子水）浇灌，以后每3d浇灌一次，每次20mL。16d后结束实验进行生理生化指标的测定。

1.3 生理生化指标测定

1.3.1 叶绿素含量

分光光度计法（李合生等，2000），取基部倒数第四叶。

1.3.2 重要酶活性

根系脱氢酶。氯化三苯基四氮唑（TTC）法（李合生等，2000），取根尖。

硝酸还原酶。参考张志良（1990）的方法稍加修改，酶活性以每小时每克鲜重产生的 $\mu gNO_2{}^{-1}$ 表示（$\mu gNO_2{}^{-1}/gFW \cdot h^{-1}$），取基部倒数第四叶。

吲哚乙酸氧化酶。参考张志良（1990）的方法并略有修改，取基部倒数第四叶。

1.3.3 大分子代谢

可溶性糖含量。蒽酮比色法（李合生等，2000），取基部倒数第三叶。

可溶性蛋白质含量。考马斯亮蓝G-250法（李合生等，2000），取基部倒数第三叶。

1.3.4 根系膜稳定性 均取根尖为实验材料

POD酶。采用张志良（1990）的方法稍加修改，以每分钟内 A_{460} 变化0.01

为一个过氧化酶活性单位（U），用 $U/gFW \cdot min^{-1}$ 表示 POD 酶活性的大小。

SOD 酶。采用氮蓝四唑（NBT）光化还原法，参照李合生（2000）、王爱国等（1983），SOD 活性单位以抑制 NBT 光化还原的 50％为一个酶活性单位表示。

CAT 酶。参照 Beers 等（1952）的方法并略有修改，酶活性单位以每分钟每克鲜重材料 H_2O_2 的消耗量表示，即以 $U/gFW \cdot min^{-1}$ 表示。

丙二醛含量。采用 TBA 法（李合生，2000）。

电导率（电导仪法）。参考黄建昌等（1996）的方法，用 LF‐91 型电导仪测定，以处理电导率与煮沸电导率的比值表示相对电导率。

以上各比色测定皆用 752 型紫外可见分光光度计测量，实验重复 3～5 次。

1.4　数据处理及统计

1.4.1　数据处理

参照孔垂华等（1998）、Williamson 等（1988）提出的响应指数 RI（response index）作为衡量菊花不同部位水浸液自毒效应的大小。即：

$$RI = \begin{cases} 1-C/T & 当\ T \geqslant C \\ T/C-1 & 当\ T < C \end{cases}$$

式中，C 为对照值，T 为处理值，$RI \geqslant 0$ 为促进，$RI < 0$ 为抑制，定义对照的 RI 值为 0，绝对值的大小与作用强度一致。

1.4.2　数据统计

所得数据（除注明外，均用原始数据）用 SPSS 软件进行差异显著性分析。a 和 A 分别代表在 5％和 1％水平上的差异显著性。

2　结果与分析

2.1　不同水浸液处理对菊花品种高压太子扦插生根根长、鲜重及根数的影响

表 5‐1 结果表明，不同部位水浸液处理对菊花扦插生根的根长、鲜重及根数均有抑制作用。其中，对根长的抑制作用最强，响应指数与对照相比均有极显著的差异，以叶水浸液和枯落物水浸液的抑制强度最大（图 5‐1）。水浸液处理对菊花幼苗生长还表现出浓度梯度效应，随浓度的

升高，对根长、鲜重及根数的抑制效应越明显。

不同部位、不同浓度水浸液处理对菊花扦插生根自毒作用的响应指数（绝对值，下同）顺序为：枯落物（1.122）＞叶（1.030）＞根际土壤（0.931）＞茎（0.793）＞根（0.425）＞根系分泌物（0.395）。

表 5-1　不同水浸液处理对菊花品种高压太子扦插生根的影响

水浸液处理	浓度（w/v）	根长 RI	鲜重 RI	根数 RI	总响应指数 $\sum RI$
枯落物	CK	0.000aA	0.000aA	0.000aA	0.000
	4：10	−0.115aA	−0.157bB	−0.261bB	−0.533
	8：10	−0.276bB	−0.212cC	−0.278cC	−0.766
	16：10	−0.554cC	−0.238dD	−0.330dD	−1.122
叶	CK	0.000aA	0.000aA	0.000aA	0.000
	4：10	−0.170bB	−0.142bB	−0.136bB	−0.448
	8：10	−0.407cC	−0.305cB	−0.318cC	−0.840
	16：10	−0.596dD	−0.450cB	−0.486dD	−1.030
茎	CK	0.000aA	0.000aA	0.000aA	0.000
	4：10	−0.121cB	−0.163bB	−0.077aAB	−0.361
	8：10	−0.117cB	−0.190bB	−0.118bB	−0.425
	16：10	−0.273dC	−0.287cC	−0.233cC	−0.793
根际土壤	CK	0.000aA	0.000aA	0.000aA	0.000
	4：10	−0.217bB	−0.017aA	−0.081aA	−0.315
	8：10	−0.393cC	−0.081aA	−0.197bB	−0.771
	16：10	−0.485dD	−0.186bB	−0.260cC	−0.931
根系	CK	0.000aA	0.000aA	0.000aA	0.000
	4：10	−0.036aA	−0.026aAB	−0.055aA	−0.117
	8：10	−0.205bB	−0.062bB	−0.105bB	−0.372
	16：10	−0.232cC	−0.081cB	−0.112bB	−0.425
根系分泌物	CK	0.000aA	0.000aA	0.000aA	0.000
	4：10	−0.122bB	−0.064bA	−0.039bA	−0.225
	8：10	−0.161cC	−0.121cAB	−0.095bB	−0.377
	16：10	−0.172cC	−0.135cB	−0.088bAB	−0.395

注：CK：对照；—表示抑制；表中数据为同一处理自毒响应指数的平均值；表中字母大小写分别表示差异显著性水平（a=0.05，A=0.01）；下同。

叶水浸液（16:10）　　　　　　叶水浸液（4:10）

叶水浸液（8:10）　　　　　枯落物水浸液（16:10）

图 5-1　叶与枯落物水浸液处理对菊花品种高压太子扦插生根的影响

注：每幅照片中左为对照，右为水浸液处理

2.2　不同水浸液处理对菊花品种高压太子扦插苗生理生化特性的影响

2.2.1　叶绿素含量

表 5-2 表明，水浸液处理对叶绿素 a、叶绿素 b、叶绿素（a＋b）含量均存在抑制作用，与对照相比，均存在显著差异。不同部位的水浸液对叶绿素含量的抑制程度不同，表现出如下的顺序：枯落物＞茎＞叶＞根系分泌物＞根际土壤＞根水浸液。同一处理之间亦有很明显的浓度差异，随着浓度的增加，叶绿素的含量逐渐降低，同样呈现显著性差异。茎和叶水浸液对叶绿素（a/b）比值的抑制达到极显著水平，说明这两种水浸液对叶

绿素 a 含量的抑制极其显著，而对叶绿素 b 的含量下降的幅度则没有叶绿素 a 的大。其余处理对叶绿素（a/b）含量的影响均与对照没有显著的差异。

表 5-2　不同部位、不同浓度水浸液处理对盆栽菊花品种高压太子
　　　　叶片叶绿素含量的影响

水浸液处理	浓度（w/v）	叶绿素 a RI	叶绿素 b RI	叶绿素（a+b） RI	叶绿素（a/b） RI
枯落物	CK	0.000aA	0.000aA	0.000aA	0.000aA
	4∶10	−0.029bA	−0.020bA	−0.027bA	−0.009aA
	8∶10	−0.065cB	−0.050cB	−0.061cB	−0.016aA
	16∶10	−0.350dC	−0.427dC	−0.370dC	−0.135bB
叶	CK	−0.000aA	0.000aA	0.000aA	0.000aA
	4∶10	−0.321bB	−0.108bA	−0.274bB	−0.239bB
	8∶10	−0.356cC	−0.144bB	−0.308cC	−0.247bB
	16∶10	−0.361cC	−0.162cB	−0.317dC	−0.237bB
茎	CK	−0.000aA	0.000aA	0.000aA	0.000aA
	4∶10	−0.297bB	−0.071bAB	−0.256bBC	−0.257bB
	8∶10	−0.309bB	−0.082bB	−0.249bB	−0.233bB
	16∶10	−0.377cC	−0.159cC	−0.328cC	−0.258bB
根际土壤	CK	−0.000aA	0.000aA	0.000aA	0.000aA
	4∶10	−0.023bAB	−0.019bA	−0.022bAB	−0.004aA
	8∶10	−0.074bB	−0.109cB	−0.083cB	+0.039bA
	16∶10	−0.161cC	−0.185dC	−0.167dC	+0.029bA
根系	CK	0.000aA	0.000aA	0.000aA	0.000aA
	4∶10	−0.048bA	−0.065bB	−0.052bB	+0.019abA
	8∶10	−0.049bA	−0.120cC	−0.068bB	−0.079bAB
	16∶10	−0.132cB	−0.226dC	−0.134cC	−0.120cB
根系分泌物	CK	0.000aA	0.000aA	0.000aA	0.000aA
	4∶10	−0.056bB	−0.111bB	−0.070bAB	−0.058bA
	8∶10	−0.068bB	−0.133bB	−0.085bB	−0.070bA
	16∶10	−0.218cC	−0.229cC	−0.221cC	−0.013bA

2.2.2　标志性酶活性

2.2.2.1　吲哚乙酸氧化酶（IAAO）

　　IAA 的一个非常重要的生理功能就是促进不定根的形成，而 IAAO 可以氧化 IAA。IAAO 活性高，降解 IAA 的作用强，IAA 被破坏较多，向下输送的 IAA 含量就很少，对诱导生根不利。反之，IAAO 活性低，其降解 IAA 能力较低，输送到茎基部的 IAA 就较多，对诱导根原基的形成有利。图 5-2 表明，与对照（$1.37\mu g/mg \cdot h^{-1}$）相比，IAAO 酶活性受到水浸液不同程度的促进，叶和枯落物水浸液分别处理的 IAAO 酶活性与对照的差异均极为显著。8∶10 和 16∶10 浓度的茎水浸液处理与对照的差异分别达到显著、极显著水平；根系分泌物与根系水浸液与对照的差异并不显著，甚至在较低的浓度抑制其活性。自毒物质导致菊花生根困难，原因之一是自毒物质提高了 IAAO 的活性，促进了 IAA 的分解，从而抑制自身插穗的生根。

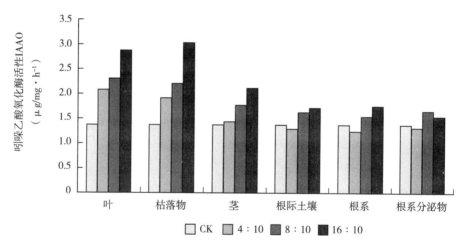

图 5-2　不同部位、不同浓度水浸液处理对菊花品种高压太子
扦插苗叶片 IAAO 酶活性的影响

2.2.2.2　硝酸还原酶

　　硝酸还原酶是植株对 NO_3^- 态 N 吸收的重要指标，是氮素代谢关键性酶，催化 NO_3^- 到 NO_2^- 的还原反应，其活性大小可以反映对 NO_3^- 的吸收利

用状况。图5-3表明，水浸液对扦插苗硝酸还原酶活性呈现出抑制的趋势。随着浓度的增加，差异渐趋显著。与对照（$49.33\mu gNO_2^{-1}/gFWh^{-1}$）相比，叶、枯落物和茎水浸液对硝酸还原酶活性的抑制趋势非常明显，与对照相比均达到极显著水平。根际土壤、根系水浸液和根系分泌物的抑制作用较弱，在较低浓度下还有促进作用。水浸液低浓度下无抑制，甚至有促进作用，而在高浓度时起抑制作用，这与化感物质苯甲酸、对羟基苯甲酸阿魏酸对土壤中硝酸还原酶（刘秀芬，2002）、酚类对6种杂草硝酸还原酶的抑制作用（Reigosa et al，1999）有类似的结果。

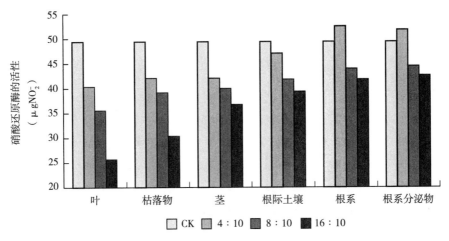

图5-3　不同部位、不同浓度水浸液处理对菊花品种高压太子
扦插苗叶片硝酸还原酶活性的影响

2.2.2.3　根系脱氢酶

根系脱氢酶活性的大小与根系吸收作用的强弱有着直接的关系，是植物吸收能力的重要生理指标之一，其活性直接影响地上部的营养状况。图5-4表明，不同水浸液均显著降低菊花扦插苗根系的脱氢酶活性，叶、枯落物、茎及根际土壤水浸液与对照的差异还达到极显著的水平。吸收作用的减弱导致菊花扦插生根后对养分吸收能力降低，尤其减少有效N吸收量，从而使菊花缺乏快速生长所必需的大量营养元素，致使菊花营养不良、生产力下降。

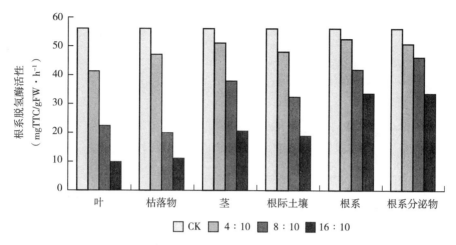

图 5-4　不同部位、不同浓度水浸液处理对菊花品种高压太子
扦插苗根系脱氢酶活性的影响

2.2.3　大分子物质代谢

2.2.3.1　可溶性糖含量

不定根的形成有赖于插穗营养及生物氧化的影响程度，最主要的是碳水化合物含量。可溶性糖是碳水化合物相互转化和再利用的主要形式，因此测定插穗叶片可溶性糖含量可反映不同水浸液处理对插穗营养状况的影响程度。

从图 5-5 可以看出，水浸液对可溶性糖含量的影响较大。随不同水浸

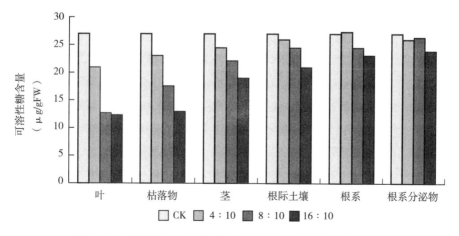

图 5-5　不同部位、不同浓度水浸液处理对菊花品种高压太子
扦插苗叶片可溶性糖含量的影响

液处理浓度的提高，可溶性糖含量下降，以叶、枯落物和茎水浸液处理的抑制作用最为明显。与对照（27.02μg/gFW）相比，叶和枯落物水浸液处理的差异均达到极显著水平，8：10 和 16：10 浓度茎水浸液分别达到显著和极显著水平；16：10 浓度根际土壤水浸液达显著性差异。根系水浸液与根系分泌物的作用则不明显。

2. 2. 3. 2 可溶性蛋白含量

可溶性蛋白是 N 素代谢活跃程度的常用指标，目的是揭示不同水浸液处理对插穗叶片 N 素代谢的影响。实验结果表明，不同水浸液处理对可溶性蛋白含量的影响不大。除叶水浸液在 16：10 处理下的可溶性蛋白含量（4.66mg/gFW）与对照（6.95mg/gFW）相比在 0.05 水平上有显著差异以外，其他浓度处理与对照均无显著性差异（图 5-6）。

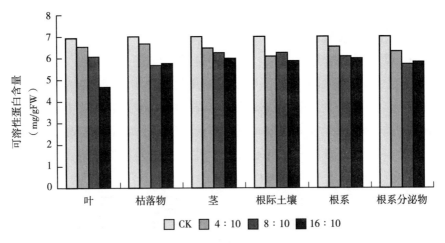

图 5-6 不同部位、不同浓度水浸液处理对菊花品种高压太子
扦插苗叶片可溶性蛋白含量的影响

2.2.4 根系膜稳定性

2.2.4.1 POD 酶

表 5-3 结果表明，不同部位与不同浓度的水浸液对扦插菊花根系 POD 酶活性均呈现抑制趋势，并且随水浸液处理浓度的升高，抑制效应愈显著。其中，叶和枯落物水浸液对根系 POD 酶的抑制作用最强。与对照相比，8：10 与 16：10 处理的 POD 活性分别比对照减少 36.8% 和 30.8%、72.8% 和

56.0％，达到极显著水平。根系水浸液与根系分泌物也有抑制 POD 酶活性的趋势，但与对照相比，差异显著性较低，16∶10 根系与根系分泌物水浸液处理的 POD 酶活性分别比对照减少 16.3％和 9.2％。

表 5-3　不同部位、不同浓度水浸液处理对菊花品种高压太子扦插苗

根系 POD、SOD 和 CAT 酶活性的影响

水浸液处理	浓度（w/v）	POD RI	SOD RI	CAT RI	总 $RI\Sigma RI$
枯落物	CK	0.000 aA	0.000aA	0.000aA	0.000
	4∶10	−0.032 aA	−0.064bAB	−0.137 A	−0.233
	8∶10	−0.368 bB	−0.124 cB	−0.348cB	−0.840
	16∶10	−0.728 cC	−0.293dC	−0.550dC	−1.571
叶	CK	0.000aA	0.000aA	0.000aA	0.000
	4∶10	−0.105 bA	−0.145 bA	−0.152bA	−0.402
	8∶10	−0.308 cB	−0.267 cB	−0.329 B	−0.904
	16∶10	−0.560dC	−0.431dC	−0.747 C	−1.738
茎	CK	0.000aA	0.000aA	0.000aA	0.000
	4∶10	−0.022 aA	−0.079 abAB	−0.141abAB	−0.242
	8∶10	−0.119 bB	−0.113 bB	−0.199 bAB	−0.351
	16∶10	−0.315 cC	−0.297 cC	−0.241 bB	−0.853
根际土壤	CK	0.000aA	0.000aA	0.000aA	0.000
	4∶10	−0.065 abA	−0.052 abAB	−0.083 abA	−0.200
	8∶10	−0.112 bAB	−0.130 bB	−0.107 bA	−0.349
	16∶10	−0.225 cB	−0.169 cB	−0.316 cB	−0.710
根系	CK	0.000aA	0.000aA	0.000aA	0.000
	4∶10	−0.061 bA	−0.031 aA	−0.104 bAB	−0.196
	8∶10	−0.077 bAB	−0.138 bAB	−0.128 bAB	−0.343
	16∶10	−0.263 cB	−0.167 bB	−0.296 cB	−0.726
根系分泌物	CK	0.000aA	0.000aA	0.000aA	0.000
	4∶10	−0.038 abA	−0.058 abAB	−0.042 aA	−0.138
	8∶10	−0.055 abAB	−0.079 bAB	−0.010 abA	−0.144
	16∶10	−0.092 bA	−0.094 bB	−0.130 bA	−0.316

2.2.4.2 SOD 酶

不同水浸液处理对菊花扦插苗根系 SOD 酶活性的抑制也呈类似趋势。与对照相比,叶和枯落物水浸液对 SOD 酶活性的抑制均达显著水平。其中,8:10 与 16:10 处理的 SOD 酶活性比对照分别减少 12.4％和 26.7％、29.3％和 43.1％,差异达到极显著水平。但根系水浸液和根分泌物对 SOD 酶活性的抑制差异与 POD 同样不显著,仅比对照减少了 16.7％和 9.4％。

2.2.4.3 CAT 酶

CAT 酶活性也受到了不同部位与不同浓度水浸液的抑制。与对照相比,8:10 与 16:10 叶水浸液和枯落物水浸液处理依次比对照减少了 34.8％和 32.9％、55.0％和 74.7％,都达到极显著的水平。根分泌物对 CAT 酶活性的抑制在 0.05 水平上达到显著性差异,比对照仅减少了 13.0％(表5-3)。

2.2.4.4 MDA 含量

从图5-7可以看到,菊花扦插苗根系 MDA 含量随不同水浸液浓度的升高呈不同程度增加。其中,叶、枯落物和茎水浸液在 16:10 浓度下对根系 MDA 的生成有显著的促进,分别是对照的 2.07 倍、2.27 倍和 1.90 倍,与对照的差异均达极显著水平。

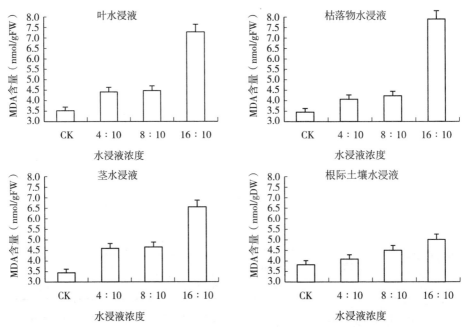

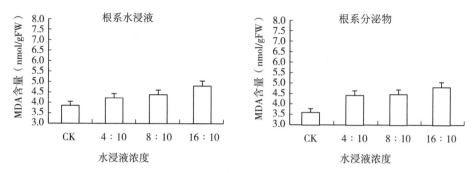

图 5-7　不同部位、不同浓度水浸液处理对菊花品种高压太子

扦插苗根系 MDA 含量的影响

结果还表明，不同部位水浸液处理之后，菊花扦插苗根系脂质过氧化水平明显增加。这表明膜脂受到了过多自由基的伤害，对膜脂的这一伤害在 16：10 浓度下尤其明显。

上述 POD、SOD 和 CAT 酶活性的受抑制趋势与 MDA 含量变化呈现负相关，反映自毒物质引起了根系自由基、活性氧与抗氧酶系统平衡的改变。

2.2.4.5　相对电导率的变化

细胞质膜透性的变化是反映植物遭受伤害的一个敏感指标，相对电导率能代表离子外渗程度即膜透性大小。在逆境胁迫下，细胞膜受到伤害，电解质渗出率增加，相对电导率增大，反映细胞膜透性增大，说明胁迫越大。细胞膜透性增加还意味着自毒物质更易于进入根组织，加剧自毒作用发生的程度。

图 5-8 测定表明，随着处理液浓度的提高，相对电导率明显增加。与

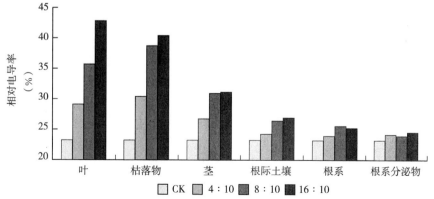

图 5-8　不同部位、不同浓度水浸液处理对菊花品种高压太子扦插苗膜透性的影响

对照的相对电导率 23.20％相比，叶、枯落物和茎水浸液各浓度处理分别提高 24.8％、53.7％、84.4％，30.3％、66.7％、74.0％，15.0％、33.4％、34.3％，均达到极显著差异性。结果还表明，电导率与 MDA 含量的变化趋势是一致的。同其他指标类似，根系水浸液与根系分泌物对膜稳定性的影响相对不明显。

3　讨论

插穗扦插生根涉及特定的生理生化机理，如诱导生根的内源激素 IAA 及其代谢即是影响生根重要的因素之一。而 IAAO 的作用是氧化 IAA，IAAO 活性高，即可强烈降解 IAA，因此自茎尖向下输送的 IAA 含量相应减少，不利于诱导生根。反之，IAAO 活性低，IAA 较少降解，而输送到茎基部的 IAA 就较多，对诱导根原基的形成有利。本研究表明，水浸液中自毒物质可诱导加强 IAAO 的活性，促进 IAA 的分解。自毒物质通过抑制内源激素水平而产生自毒作用，这是自毒作用的机理之一。

此外，水浸液还抑制了插穗可溶性糖与可溶性蛋白的含量水平，削弱了扦插生根的 C 素及 N 素营养水平，这也是自毒作用另一机理所在，即在营养水平上抑制了不定根的形成，产生自毒现象。

水浸液对菊花扦插的自毒作用的机理还表现在抑制菊花扦插苗的根系脱氢酶与硝酸还原酶的活性，降低叶绿素的含量，导致可溶性糖含量降低，进一步削弱了不定根的生根基础。

自毒物质（化感物质）在自然条件下可通过四种途径进入环境：①植物向体外释放挥发物质；②植物表面淋溶；③植物根部分泌；④植物残株或枯落物分解（孔垂华，1998，Alan et al.，1986；Rice，1984），其中有三种途径与根系有关。根系是植物与环境接触的重要界面，自毒物质往往首先作用于根。根系遭受自毒物质的胁迫后产生一系列生理反应，如 POD、SOD 和 CAT 酶保护系统的活性受到抑制，而这些酶系统参与植物体内多种生理生化过程，如清除氧自由基、在不定根的发生和发展中起重要作用（刘玉艳等，2003；黄卓烈等，2002）等；氧自由基的产生和清除系统的平衡受到破坏，自由基的产生占据主导地位，导致自由基含量不断增加且超过伤害阈值。细胞对自由基最敏感的部位是细胞膜（李晓萍等，1988），使细胞膜的不饱和脂肪酸发生过氧化或脱脂化，逐级降解为小分子物质 MDA，使膜的孔隙变大，透性增加，离子大量渗漏。这也可能为自毒物质进入细胞提供更为便利的条件，加剧叶绿素的破坏，严重影响根系的营养吸收。外观表现为生根受到抑制，严重时导致损伤甚至死亡（蒋明义，1991；王宝山，1988）。膜系统的破坏被认为是自毒作用（化感作用）的第一步（Inderjit，1996；Einhelling，1995）。菊花的自毒作用首先通过根系的膜脂过氧化作用影响细胞膜的透性，并影响膜脂的结构和功能的完整，从而对菊花产生毒害作用。

4　结论

4.1　根系形态特征

不同水浸液处理对菊花品种高压太子的扦插生根的效应表现为明显降低了新根的根数、长度与根鲜重。各处理浓度越高，抑制作用越大，自毒效应也越强，但在较低的浓度下自毒效应较弱，表现出典型的浓度梯度效应。

对扦插生根的抑制作用效应涉及下述生理生化机理：

4.2　影响膜的稳定性

自毒物质促进细胞离子渗漏和膜脂过氧化的发生，选择透性下降，电解质外渗，损伤膜保护系统，导致膜脂过氧化作用增强，电导率提高，丙二醛含量上升。对膜系统的破坏是菊花自毒作用的早期症状。

4.3　抑制 C 素及 N 素营养水平

水浸液抑制插穗可溶性糖与可溶性蛋白的合成与转化，削弱了扦插生根的 C 素及 N 素营养水平，这也是自毒作用另一机理所在，即在营养水平上抑制了不定根的形成，产生自毒现象。

4.4　影响某些重要酶的活性

抑制根系脱氢酶与硝酸还原酶活性，导致对营养吸收利用受阻。

4.5　影响光合作用

水浸液降低插穗叶绿素的含量，降低光合作用的光合效能。

4.6　影响由激素所诱导的生根

水浸液诱导加强 IAAO 的活性，促进 IAA 的分解。自毒物质通过抑制内源激素水平而产生自毒作用，这是自毒作用的机理之一。

第6章
连作菊花不同部位不同浓度水浸液处理对盆栽菊花品种高压太子生长及生理生化特性的影响

当前对包括自毒在内的化感作用的研究正向纵深发展（周凯等，2004；Kiran et al.，2000；Maruthi et al.，2000），其中自毒（化感）物质对受体植物生长及生理生化特性的研究较为深入（Yu et al，2003；何华勤等，2001；Barkosky et al，2000；Hejl et al，1993）。研究证实，10^{-3} mol/L的咖啡酸、香豆酸、阿魏酸和没食子酸等自毒或化感物质可导致大豆（*Glycine max* Merr.）叶绿素含量下降（Paterson 1981）；莨菪亭和绿原酸等在很低浓度下可使水稻（*Oryza sativa*）气孔关闭（Rai et al，2003）；10^{-3} mol/L的根皮苷可抑制叶绿体作为同化力的 $NADP^+$ 的光还原反应（Roshchina，1979）；香豆酸、阿魏酸和香草酸等3种典型的酚酸类化感物质强烈抑制 *Abutilon theoohrasti* 的光合作用和叶片中蛋白质的积累（Mersie et al.，1993），及水稻叶绿素的合成，表明这是造成叶绿素含量下降（即降解）的重要原因（Yang et al，2002）。油松—辽东栎（*Pinus tabulae formis* Carr. ‒ *Quercus liaotungensis* Koidz.）混交林中油松存在一定的自毒及化感作用，混交林下的枯落叶、半分解枯落叶及表层土壤水浸液对油松种子的萌发和幼苗根、茎的生长有显著的影响，表现为抑制的强度与水浸液的浓度有密切关系（贾黎明等，1995）。本研究主要目的是探讨不同水浸液处理对盆栽菊花品种高压太子的生长效应及对叶绿素含量、光合作用的影响进行初步研究。

1 材料与方法

1.1 材料

选取健康无病虫害、长度（10cm）与粗度一致的菊花品种高压太子 插穗，于 2003 年 6 月下旬扦插于南京农业大学芳华园艺公司的玻璃温室内，间歇喷雾促进生根。根长一致（5cm 左右）的扦插苗上盆，素烧花盆的口径为 15cm。培养土以园土∶泥炭∶蛭石＝50∶45∶5 的比例配制。水浸液及根系分泌物的制备同第五章。

1.2 盆栽菊花品种高压太子水浸液的浇灌处理

上盆后以不同部位及不同浓度水浸液处理盆栽菊花品种高压太子，每周浇灌一次，每次 100mL/盆，每处理 3 盆重复，共浇灌 12 次，对照浇灌去离子水。处理期间按常规技术养护管理，120d 后结束浇灌。

1.3 生长及生理生化指标测定

1.3.1 生长指标

用游标卡尺测量每株中部的直径为花枝粗度，从植株基部到顶端的长度为花枝长度。

1.3.2 膜稳定性指标测定

电导率（电导仪法）参考黄建昌等（1996）的方法，采用 DJS－11 型电导仪测定，以处理电导率与煮沸电导率的比值表示相对膜透性，取基部倒数第 4 片叶测定。

MDA 含量。采用 TBA 法（李合生，2000），取基部倒数第 5 片叶测定。

1.3.3 重要酶活性指标

PAL 酶活性。参考薛应龙等（1983）的方法，略有改动。以每分钟 OD_{290} 增加 0.01 的酶量定为一个酶活力单位 U，PAL 比活力用 U/mg·Pr 表示。以牛血清蛋白制作标准曲线，取倒数第 5 片叶测定。

根系脱氢酶活性。参考李合生（2000）的方法，以根系为研究对象。

硝酸还原酶。参考张志良的方法，取基部倒数第 5 片叶测定。

1.3.4　可溶性蛋白含量

参考马斯亮蓝 G‐250 法，以标准牛血清蛋白制作标准曲线，取基部倒数第 4 片叶测定。

1.3.5　光合作用有关指标测定

1.3.5.1　叶绿素含量的测定

采用分光光度计法（李合生，2000），取基部倒数第 4 片叶测定。

1.3.5.2　光合参数的测定

取基部倒数第 4 片叶测定。

净光合速率（Pn）、暗呼吸速率（Pr）、气孔导度（Gs）、细胞间隙 CO_2 浓度（Ci）和蒸腾速率（Tr）等参数的测定采用日本产 Li‐6400 便携式光合作用测定系统进行测定。测定时光强为（250±50）$\mu mol \cdot m^{-2} \cdot s^{-1}$，叶温为（27±1）℃左右，$CO_2$ 浓度为（400±10）$\mu mol/mol$。在完全遮光的条件下，测定不同水浸液处理与对照叶片暗呼吸速率。以上测定各重复 6 次。

1.4　数据处理及统计

1.4.1　数据处理

参照孔垂华等（1998）、Williamson 等（1988）提出的响应指数 RI（response index）作为衡量菊花不同部位水浸液自毒效应的大小。即：

$$RI = \begin{cases} 1-C/T & \text{当 } T \geqslant C \\ T/C-1 & \text{当 } T < C \end{cases}$$

式中，C 为对照值，T 为处理值，$RI \geqslant 0$ 为促进，$RI < 0$ 为抑制，定义对照的 RI 值为 0，绝对值的大小与作用强度一致。

1.4.2　数据统计

所得数据（除注明外，均用原始数据）用 SPSS 软件进行差异显著性分析。a 和 A 分别代表在 5％和 1％水平上的差异显著性。

2　结果与分析

2.1　不同水浸液处理对盆栽菊花品种高压太子花枝长度、花序直径和花枝粗度的影响

表 6‐1 表明，不同水浸液对盆栽菊花的花枝长度、花序直径与花枝粗

度呈现出程度不同的抑制趋势。与对照的 RI 值相比，一方面对菊花生长的抑制作用具有浓度梯度效应，随水浸液浓度的提高，抑制其生长，效应渐趋显著，16：10 浓度的不同部位水浸液对花枝长度、花序直径与花枝粗度的抑制作用均分别达到极显著的水平。另一方面，菊花品种高压太子的自毒作用还存在部位差异，尤以叶、茎与枯落物水浸液的抑制程度最为显著，而根系分泌物与根系水浸液的抑制作用较弱。16：10 的各水浸液处理对花枝长度、花序直径与花枝粗度相对抑制（以总 RI 绝对值表示）的差异顺序是：枯落物（0.843）＞叶（0.810）＞茎（0.789）＞根际土壤（0.694）＞根系分泌物（0.443）＞根系水浸液（0.435），即相应反映出水浸液自强而弱的自毒效应。

表 6-1　不同水浸液对盆栽菊花品种高压太子花枝长度、直径与花枝粗度的影响

水浸液处理	浓度（w/v）	花枝长度 RI	花序直径 RI	花枝粗度 RI	总响应指数 RI
枯落物	CK	0.000aA	0.000aA	0.000aA	0.000
	4：10	−0.073abAB	−0.029aA	−0.038bAB	−0.140
	8：10	−0.107bB	−0.155bB	−0.066cB	−0.312
	16：10	−0.379cC	−0.310cC	−0.154dC	−0.843
叶	CK	0.000aA	0.000aA	0.000aA	0.000
	4：10	−0.114bA	−0.231bB	−0.009aA	−0.354
	8：10	−0.166cA	−0.319 cC	−0.042bAB	−0.527
	16：10	−0.354dB	−0.316 cC	−0.140cB	−0.810
茎	CK	0.000aA	0.000aA	0.000aA	0.000
	4：10	−0.101bA	+0.056aAB	−0.015aA	−0.060
	8：10	−0.163cA	−0.252bB	−0.084bA	−0.499
	16：10	−0.333dB	−0.355cC	−0.101cB	−0.789
根际土壤	CK	0.000aA	0.000aA	0.000aA	0.000
	4：10	−0.060aAB	+0.080aA	−0.016aA	+0.004
	8：10	−0.121bB	−0.230bB	−0.049bA	−0.400
	16：10	−0.189cB	−0.370cB	−0.135cB	−0.694
根系	CK	0.000aA	0.000aA	0.000aA	0.000
	4：10	+0.017aA	−0.119bAB	−0.009aA	−0.111
	8：10	−0.113bA	−0.229cB	−0.017aA	−0.359
	16：10	−0.163bB	−0.239cB	−0.033bA	−0.435

（续）

水浸液处理	浓度（w/v）	花枝长度 RI	花序直径 RI	花枝粗度 RI	总响应指数 RI
根系分泌物	CK	0.000aA	0.000aA	0.000aA	0.000
	4∶10	+0.026abA	−0.124aA	−0.007aA	−0.105
	8∶10	−0.074abA	−0.181abA	−0.025aAB	−0.280
	16∶10	−0.099bA	−0.248bA	−0.096bB	−0.443

2.2 不同水浸液处理对盆栽菊花品种高压太子膜稳定性的影响

2.2.1 对膜稳定性的影响

图 6-1 的测定结果表明，叶与枯落物水浸液浇灌显著促进了盆栽菊花品种高压太子相对电导率的增加。其中，4∶10、8∶10、16∶10 浓度的叶水浸液比对照的相对电导率分别提高了 21.1%、40.7% 和 43.9%；枯落物水浸液分别比对照提高 17.9%、43.1% 和 48.0%，与对照的差异均达到极显著的水平。茎、根际土壤、根系水浸液及根系分泌物的相对电导率比对照有所提高，但统计表明这种差异并不显著。

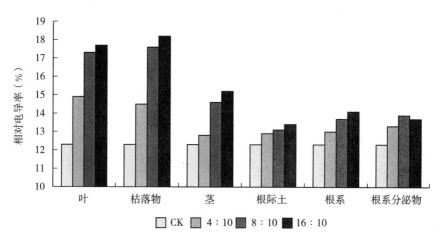

图 6-1 不同部位、不同浓度水浸液处理对盆栽菊花品种高压太子
膜透性的影响

2.2.2 脂质过氧化水平

图 6-2 的测定结果表明，随着水浸液处理浓度的升高，MDA 的含量也随之提高，以叶和枯落物水浸液处理后的增加幅度最大。4∶10、8∶10、16∶10 浓度的叶水浸液分别比对照 MDA 含量（1.45nmol/gFW）提高27.6％、33.8％和 44.1％，枯落物水浸液则分别提高 22.1％、34.5％和46.9％，均达到极显著的水平。8∶10、16∶10 浓度的茎水浸液比对照提高20.0％和21.4％，在5％水平上显著。根际土壤与根系分泌物在 4∶10 处理时还比对照略有下降，但与其余各浓度处理一样，均与对照没有显著性差异。

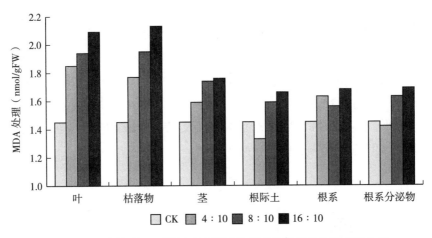

图 6-2　不同部位、不同浓度水浸液处理对盆栽菊花品种高压太子
叶片 MDA 含量的影响

2.3　不同水浸液处理对盆栽菊花品种高压太子重要酶活性的影响

2.3.1 硝酸还原酶

硝酸还原酶活性的测定表明，除枯落物水浸液以外，其他水浸液处理对其活性的影响并不显著。8∶10 浓度枯落物水浸液处理后的酶活性比对照的$48.87\mu gNO_2^{-1}/gFW \cdot h^{-1}$下降30.1％，差异在5％水平上显著；16∶10 浓度时比对照下降37.0％，达到极显著水平（图 6-3）。

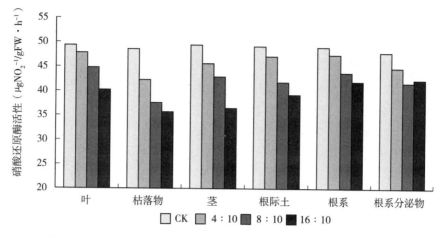

图6-3　不同部位、不同浓度水浸液处理对菊花品种高压太子扦插苗硝酸还原酶活性的影响

2.3.2　根系脱氢酶

根系脱氢酶活性受水浸液处理的影响较大，随水浸液浓度的升高，根系脱氢酶活性逐渐下降。与对照（$9.73\mu g/gFW \cdot h^{-1}$）相比，以枯落物水浸液下降的幅度最大，8∶10、16∶10浓度处理较对照下降34.8％和57.7％，差异达到极显著水平。叶水浸液在8∶10、16∶10浓度时分别比对照下降22.7％和51.1％，分别达到显著和极显著水平。16∶10浓度的茎水浸液和根系分泌物分别较对照下降33.4％和29.2％，均达到显著水平。其他浓度与处理脱氢酶活性有所下降，但差异明显（图6-4）。

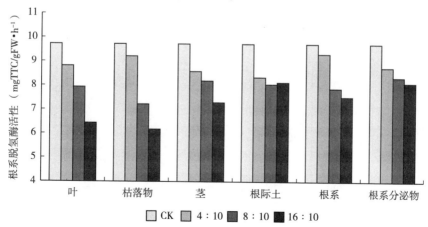

图6-4　不同部位、不同浓度水浸液处理对菊花品种高压太子扦插苗根系脱氢酶活性的影响

2.3.3 PAL 活性

实验结果表明，水浸液对 PAL 活性表现出抑制的趋势，随着处理浓度的增加，抑制的程度加剧，以枯落物及叶水浸液对 PAL 活性的抑制较为显著。与对照（12.0U/mg·Pr）相比，叶水浸液 8∶10、16∶10 浓度处理较对照下降 34.8％和 41.2％，均达到极显著水平。8∶10、16∶10 枯落物水浸液处理则下降 16.5％和 30.4％，差异达显著水平，其中 16∶10 处理达极显著水平。16∶10 浓度的根际土壤水浸液对 PAL 活性的抑制也达到显著水平，比对照下降了 23.7％（图 6-5）。

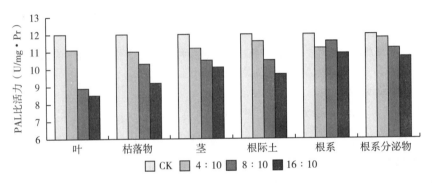

图 6-5 不同部位、不同浓度水浸液对盆栽菊花品种高压太子叶片 PAL 酶活性的影响

2.4 不同水浸液处理对盆栽菊花品种高压太子叶片可溶性蛋白含量的影响

水浸液处理对叶片可溶性蛋白含量的影响并不显著（图 6-6）。8∶10、

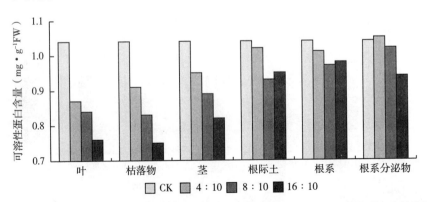

图 6-6 不同部位、不同浓度水浸液处理对盆栽菊花品种高压太子叶片可溶性蛋白含量的影响

16：10浓度的叶水浸液处理后可溶性蛋白含量比对照（1.04mg·g^{-1} FW）下降23.8％和36.8％；枯落物水浸液则分别下降25.3％和38.7％，均在0.05水平上达到显著抑制。其余浓度处理与对照无显著性差异。

2.5 不同水浸液处理对盆栽菊花品种高压太子叶片光合作用的影响

2.5.1 叶绿素含量

表6-2显示，与对照相比，各水浸液处理对叶绿素a、叶绿素b、叶绿素（a+b）含量有明显的降低。不同部位水浸液的抑制程度不同，表现出如下的顺序：枯落物＞叶＞茎＞根际土壤＞根系＞根系分泌物。同一处理之间亦有很明显的浓度差异，随着浓度的增加，叶绿素的含量逐渐降低，差异越来越显著。但是对叶绿素（a/b）比值的影响则不明显，除枯落物水浸液和叶水浸液对叶绿素（a/b）比值的抑制达到极显著水平以外，其余处理均与对照没有太大的差异。说明这两种水浸液对叶绿素a含量的抑制极其显著，而叶绿素b含量下降的幅度则没有叶绿素a的大。

表6-2 不同部位、不同浓度水浸液处理对盆栽菊花品种高压太子叶片叶绿素含量的影响

水浸液处理	浓度 (w/v)	叶绿素 a *RI*	叶绿素 b *RI*	叶绿素（a+b） *RI*	叶绿素（a/b） *RI*
枯落物	CK	0.000aA	0.000aA	0.000aA	0.000aA
	4：10	−0.020bA	−0.029bA	−0.027bA	−0.257bB
	8：10	−0.050cB	−0.065cB	−0.061cB	−0.233bB
	16：10	−0.427dC	−0.250dC	−0.370dC	−0.258bB
叶	CK	−0.000aA	0.000aA	0.000aA	0.000aA
	4：10	−0.321bB	−0.108bA	−0.274bB	−0.239bB
	8：10	−0.356cBC	−0.144bB	−0.308cC	−0.247bB
	16：10	−0.377cC	−0.162cB	−0.328dC	−0.237bB

（续）

水浸液处理	浓度 （w/v）	叶绿素 a RI	叶绿素 b RI	叶绿素（a+b） RI	叶绿素（a/b） RI
茎	CK	−0.000aA	0.000aA	0.000aA	0.000aA
	4∶10	−0.297bB	−0.071bAB	−0.256bBC	−0.009aA
	8∶10	−0.309bB	−0.082bB	−0.249bB	−0.016aA
	16∶10	−0.361dC	−0.159cC	−0.317cC	−0.135bA
根际土壤	CK	0.000aA	0.000aA	0.000aA	0.000aA
	4∶10	−0.056bB	−0.019bA	−0.022bAB	−0.004aA
	8∶10	−0.068bB	−0.109cB	−0.083cB	+0.019aA
	16∶10	−0.218cC	−0.185dC	−0.167dC	−0.029bA
根系	CK	0.000aA	0.000aA	0.000aA	0.000aA
	4∶10	−0.048bA	−0.065bB	−0.052bB	−0.019aA
	8∶10	−0.049bA	−0.120cB	−0.068bB	−0.079aA
	16∶10	−0.132cB	−0.226dC	−0.134cC	−0.120bA
根系分泌物	CK	−0.000aA	0.000aA	0.000aA	0.000aA
	4∶10	−0.023bAB	−0.111bB	−0.070bAB	−0.058bA
	8∶10	−0.074bB	−0.133bB	−0.085bB	−0.070bA
	16∶10	−0.101cB	−0.209cB	−0.117cB	−0.103bA

2.5.2　叶片光合效能

表 6-3 的测定表明，不同部位、不同浓度水浸液处理后对菊花叶片净光合速率（Pn）有显著的降低，而且差异显著。随处理浓度的增加，Pn 下降的幅度也加大。其中以 16∶10 枯落物（$RI=-0.484$）与叶水浸液（$RI=-0.417$）的作用最明显，差异也最显著。

不同部位、不同浓度水浸液处理后均促进了暗呼吸速率，与对照的差异渐趋显著，以 16∶10 的枯落物水浸液（$RI=+0.671$）、叶水浸液（$RI=+0.637$）和根际土壤水浸液（$RI=+0.580$）的抑制作用最大。

气孔导度表明气体通过气孔传导的能力，直接影响蒸腾、水势、光合速率等。不同水浸液对气孔导度的影响均呈现抑制的效应，同时表现出每种处理之浓度梯度效应及各处理间抑制效应的程度。

表6-3 不同部位、不同浓度水浸液对盆栽菊花品种高压太子
Pn、Pr、Ci 和 Gs 的影响

水浸液处理	浓度（w/v）	净光合速率（Pn）RI	暗呼吸速率（Pr）RI	胞间 CO_2 浓度（Ci）RI	气孔导度（Gs）RI
枯落物	CK	0.000aA	0.000aA	0.000aA	0.000aA
	4∶10	−0.164bB	+0.493bB	−0.337bB	−0.186bB
	8∶10	−0.281cC	+0.622cC	−0.487cC	−0.287cC
	16∶10	−0.484dD	+0.671dC	−0.652dD	−0.468dD
叶	CK	0.000aA	0.000aA	0.000aA	0.000aA
	4∶10	−0.105bB	+0.236bB	−0.303bB	−0.241bB
	8∶10	−0.223cC	+0.538cC	−0.574cC	−0.324cC
	16∶10	−0.417dD	+0.637dD	−0.887dD	−0.659dD
茎	CK	0.000aA	0.000aA	0.000aA	0.000aA
	4∶10	−0.120bB	+0.306bB	+0.147bB	−0.345cC
	8∶10	−0.259cC	+0.379bB	+0.395cC	−0.257bB
	16∶10	−0.359dD	+0.483cC	+0.505dD	−0.544dD
根际土壤	CK	0.000aA	0.000aA	0.000aA	0.000aA
	4∶10	−0.085bA	+0.270bB	−0.382bB	−0.252bB
	8∶10	−0.230cB	+0.456cC	−0.344bB	−0.354cC
	16∶10	−0.384dC	+0.580dD	−0.581cC	−0.573dD
根系	CK	0.000aA	0.000aA	0.000aA	0.000aA
	4∶10	−0.100bAB	+0.073abA	+0.166bB	−0.108bB
	8∶10	−0.172cBC	+0.125bA	+0.149bB	−0.135cBC
	16∶10	−0.234dC	+0.332cB	+0.294cC	−0.221dC
根系分泌物	CK	0.000aA	0.000aA	0.000aA	0.000aA
	4∶10	−0.066abAB	+0.023aA	−0.068aAB	−0.172bB
	8∶10	−0.105bB	+0.216bAB	−0.179bBC	−0.209bBC
	16∶10	−0.211bB	+0.279cB	−0.203bC	−0.279cC

水浸液处理对叶片胞间 CO_2 浓度的影响较为复杂，既有胞间 CO_2 浓度升高的趋势（茎和根系水浸液），胞间 CO_2 浓度也有降低的趋势（叶、枯落物、根际土壤和根系分泌物）。升高与降低均逐渐增强，其中高浓度水浸液处理

的响应指数（*RI*）较对照差异显著。

综合表 6-3 可以看出，随着水浸液处理浓度的增加，菊花叶片的净光合速率和气孔导度均呈下降趋势，胞间 CO_2 浓度则有处理间的差异，而暗呼吸速率则呈上升的趋势。这与化感物质抑制油松（*Pinus tabulaefornis Carr.*）（贾黎明等，2003）、大豆（*Glycine max*）（杜长玉等，2003）等的光合作用的结论类似。

3　讨论

本研究表明，水浸液对自身盆栽菊花生长的抑制是通过抑制根系的吸收与利用，促进细胞离子渗漏和膜脂过氧化的发生，抑制酶的活性，抑制体内蛋白质的合成，抑制 NO_3^{-1} 的利用等几个途径实现的。其中以对根系脱氢酶活性的抑制最大，而对硝酸还原酶的作用最弱，暗示自毒物质对作用对象具有选择性和不同的敏感性。

PAL 酶是苯丙烷类代谢途径的关键酶和限速酶，也是次生代谢产物合成的关键酶之一，中间产物酚类物质及终产物木质素、植保素、黄酮、异类黄酮等物质与植物抗性密切相关，因此 PAL 酶被认为是植物的防御系统的关键酶之一。研究已经证明，植物在逆境中的自毒及化感作用显著增强（Tang，1995）。本研究显示，水浸液对盆栽菊花 PAL 酶有抑制的作用。推测通过影响菊花的防御机制，进而影响菊花在连作土壤逆境下的生长发育状况，从而降低产品质量。

不同部位、不同浓度水浸液浇灌实验结果表明，水浸液处理对盆栽菊花生长势下降产生了一定的影响，但与对菊花种子萌发及幼苗生长的影响相比，相对较小。其原因可能是：①幼苗组织幼嫩，可能缺乏对自毒物质的适应性，故被强烈抑制，而盆栽菊组织成熟，对自毒物质的适应性较强。②水浸液中自毒物质被土壤所吸附、固定或被土壤微生物所降解。这预示着自毒的缓解可以通过增加土壤微生物含量，如施用有机肥、微生物肥等，加速自毒物质的降解速度。另外，菊花栽培的场所要经常清理残株和凋落物，防止自毒物质的过度积累，降低自毒作用发生的几率。

本研究结果表明，不同部位水浸液处理显著抑制叶片叶绿素的合成或促使其降解，表明水浸液中自毒物质是造成叶绿素含量下降的重要原因，与在水稻（Yang et al，2003）、油松（贾黎明，2003）上的研究结论类似。研究还发现，枯落物和叶水浸液对叶绿素（a＋b）含量的抑制主要是通过促进叶绿素 a 的分解或抑制其合成实现的，对叶绿素 b 的抑制幅度较叶绿素 a 的小，导致叶绿素（a/b）比值下降较快。据报道，自毒物质可能通过影响类囊体膜的稳定性（Eva‑Mari et al.，1993），导致叶绿素的含量降低，降低了叶绿体对光能的吸收，影响了光能在两个光系统之间的合理分配，进而降低光合速率（Downton et al.，1985）。显然，叶绿素含量的降低是引起菊花光合速率降低的重要原因之一。

净光合速率的主要影响因素除了叶绿素的含量以外，还与气孔导度有关。有研究认为，气孔导度是光合速率的限制因子（朱新广等，1999；Santrucek et al.，1996）。气孔是限制光合作用的重要因素，但只通过气孔导度的大小来判断对光合速率的限制是不全面的，只有在细胞间隙 CO_2 浓度降低和气孔限制值增大时才可以认为光合速率降低是由于气孔导度降低引起的。本研究显示，自毒物质对气孔导度有明显的抑制作用，同时枯落物、叶、根际土壤和根系分泌物处理后胞间 CO_2 浓度（Ci）降低也印证了光合速率降低是由于气孔导度下降所致。

茎和根系水浸液处理后胞间 CO_2 浓度明显增加，而净光合速率却降低，原因可能是这两种水浸液的自毒物质对光合作用的抑制机制不同。这类自毒物质对光合作用的抑制可能是通过非气孔因素，即叶肉细胞的光合活性降低，利用 CO_2 的能力降低，从而导致净光合速率降低（孙广玉等，1991）。

不同水浸液处理对盆栽菊花生长、叶绿素含量、净光合速率及气孔导度的影响表现出了基本一致的抑制趋势，而暗呼吸速率却受到促进。说明菊花自毒作用是通过影响自身叶绿素含量及气孔导度，进而造成光合作用受到抑制，有机质积累降低而实现的。外观上表现为生长量小，花茎长度、直径与花梗粗度比对照减小，不同部位与浓度水浸液浇灌处理对盆栽菊花生长抑制的顺序可以认为是自毒作用强度的直观反映，即叶＞枯落物＞茎＞根际土壤＞根系分泌物＞根系水浸液。自毒物质对光合作用的作用机制还需要做深入的研究。

4 研究结论

（1）不同水浸液处理对盆栽菊花品种高压太子的生长效应表现为明显降低了花茎长度、花茎粗度和花序直径的生长，各处理浓度越高，抑制作用越大，即自毒效应也越强。

对生长效应的抑制作用与下述生理生化机理有关：

（2）不同部位水浸液影响膜的透性。自毒物质促进细胞离子渗漏和膜脂过氧化的发生，选择透过能力降低，电解质外渗，损伤膜保护系统。对膜系统的破坏是菊花自毒作用的早期症状。

（3）抑制或刺激某些酶的活性。不同水浸液均表现出抑制根系脱氢酶和硝酸还原酶的活性，导致根系吸收、利用功能降低，进一步影响到 N 素的固定。同时，抑制 PAL 酶活性，导致连作后抗性下降。其中以对根系脱氢酶活性的抑制最大，而对硝酸还原酶的作用最弱。

（4）抑制可溶蛋白质的合成，促进其降解。

（5）抑制光合作用功能。不同水浸液对叶绿素含量、净光合速率及气孔导度表现了基本一致的抑制趋势，而暗呼吸速率却被促进。水浸液降低了自身叶绿素的含量及气孔导度，或者抑制叶肉细胞的光合活性，使 CO_2 的利用能力降低，从而造成光合作用的有效功能受到抑制。

（6）对生长及其相关生理生化特性表现出自毒作用的总体强度顺序是：叶＞枯落物＞茎＞根际土壤＞根系分泌物＞根系水浸液。

综上所述，为缓解及克服自毒作用的危害程度，基本对策是宜多施加有机肥和微生物肥，及时清理栽培场所的残株和枯落物。

综上所述，研究表明

（1）菊花存在自毒作用，自毒作用是导致连作障碍的原因之一。

（2）菊花的自毒作用具有浓度效应。随着水浸液处理浓度的升高，对菊花种子萌发、幼苗生长及扦插生根的抑制均有增强的趋势，但在较低的浓度时自毒效应较弱或无。

（3）菊花品种高压太子不同部位水浸液之间自毒作用存在差异。综合水浸液对种子萌发及幼苗生长、扦插生根和盆栽菊花生长自毒作用的响应指数表现如下的强度顺序：叶（2.585）＞枯落物（2.479）＞茎（2.019）＞根际土壤（1.949）＞根系（1.169）＞根系分泌物（1.128）。说明菊花品种高压太子产生自毒作用的最主要的途径是通过地上部分的淋溶及枯落物分解产生的。

（4）盆栽结果验证了菊花自毒作用的存在，叶和枯落物水浸液特别明显，而根系水浸液和根系分泌物较弱。根际土壤对自毒物质可能存在吸附、固定及转化作用，加上灌水和雨水对自毒物质的淋溶，故自毒作用较弱。根系分泌物与根系水浸液因根系生理活性较弱，生长发育阶段尚幼嫩，自毒物质产生较少，因而抑制的强度最小。

（5）水浸液自毒作用的有关生理生化机理涉及如下方面：①膜稳定性。水浸液显著地抑制了抗氧化酶类 POD、SOD 与 CAT 酶的活性，并影响到如下生理过程：促进了膜脂过氧化作用的发生及其产物丙二醛的生成，破坏了抗氧化酶类与膜脂过氧化之间的正常平衡；促进了膜透性增加，表明膜结构与功能的改变是自毒作用的重要机制之一。②营养代谢。水浸液抑制根系脱氢酶的活性，即影响氧化磷酸化，抑制硝酸还原酶的活性，影响 N 素的固定；抑制可溶性糖和可溶性蛋白的含量水平，降低营养水平；抑制 PAL 活性，导致连作后抗性下降。③光合作用。水浸液对叶绿素含量、净光合速率及气孔导度的影响表现出了基本一致的抑制趋势，而暗呼吸速率却受到促进。水浸液降低自身叶绿素含量及气孔导度，或者抑制叶肉细胞的光合活性，利用 CO_2 的能力降低，进而造成光合作用的效能受到抑制。

（6）通过活性炭及不溶性 PVP 生测，初步证实水浸液中存在包括酚类物质在内的自毒物质，水浸液经过活性炭和不溶性 PVP 处理之后自毒作用明显减弱。

（7）基于以上研究结论，提出如下参考对策：①多施有机肥和微生物肥，及时清理栽培场所的残株和枯落物，防止自毒物质的过度积累。②栽培床下宜设置良好的排水措施，如铺设粒径较大的碎煤渣或者设置滴灌设施，有利于将雨水淋溶下来的自毒物质渗透到根系以下的部位，缓解自毒作用的发生。③合理安排轮作制度，尽量避免菊花的连作。

第 7 章
菊花不同部位水浸液自毒作用的研究

自毒作用（Autotoxicity）是指植物通过地上部淋溶、根系分泌、植株残茬分解及气体挥发等途径释放的次生代谢产物过度积累而抑制下茬同种或同科植物生长的现象，又称自身化感作用（self‑allelopathy）。现已认为，自毒作用是导致植物连作障碍的主要因素之一。植物自毒及化感作用研究已成为化学生态学最活跃的领域之一，研究内容包括自毒或化感物质的分离与鉴定、自毒作用的机理、研究方法与技术、克服对策等。到目前为止，植物自毒作用的研究领域涉及自然生态系统、农业生态系统及人工生态系统（如园艺作物设施栽培等）。

菊花（*Chrysanthemum morifolium* Tzvel.）是我国十大传统名花和世界四大鲜切花之一，自从 20 世纪 90 年代以来，中国鲜切花生产面积和产量每年均以不低于 10% 的速度增长，尤其是 2001 年以后，增长速度达到 30%～40%。近年来，菊花生产的规模化、专业化和设施化生产导致连作障碍日趋严重，连作障碍引起菊花品质下降一直是制约扩大国内外市场容量及出口创汇的因素之一，已引起业内人士的关注。根据我们在安徽、江苏及上海等地的调查，某些观赏价值很高的主栽品种如高压太子经过露地 2～3 年的连作之后即表现出生长势下降、死苗而造成产量和品质的下降，已成为当今菊花商品化生产中的一个亟待解决的问题。自毒作用在自然生态系统、农田作物和园艺植物都有较多的研究报道。菊科植物也有一些自毒或化感作用的报道，但是对菊花是否也存在自毒作用缺乏相关研究。为此本章旨在以连作障碍典型品种之一的高压太子为材料，采用室内生测及温室盆栽的方法，研究了菊花栽培种高压太子不同部位水浸液对同品种盆栽生长及生理特性的影响，探讨菊花是否存在自毒作用。

1　材料与方法

1.1　材料

选取健康无病虫害、长度（10cm）与粗度一致的插穗品种高压太子，于 6 月下旬扦插于南京农业大学芳华园艺公司的玻璃温室内，间歇喷雾促进其生根。根长一致（5cm 左右）的扦插苗上盆，素烧花盆的口径为 15cm。培养土接园土：泥炭：蛭石＝50：45：5 的比例配制。

1.2　水浸液的制备

1.2.1　根际土壤水浸液的制备

取风干的根际土壤，研磨后过 18 目筛，按 8：10（w/v）的比例浸泡于烧杯中，充分振荡后静置过夜，离心（1 800×g，24℃，10min），取上清液过滤。将滤液经过 51℃旋转蒸发浓缩仪（ZFQ‐85A 型，上海泰益医疗仪器设备有限公司，下同）减压浓缩，定容配制成 4：10（w/v）（即相当于 4g 干重根际土壤样品浸于 10mL 去离子水中，下同）、8：10、16：10 的水浸液，放入 4℃冰箱中备用。

1.2.2　枝、叶和根系水浸液的制备

取高压太子品种的整株，先用水清洗植株及根系上黏附的灰尘，分成枝、叶和根系三部分，分别晾干、剪切成 1cm 小段，按 1：10（w/v）的比例用去离子水浸泡 24h，过滤，将滤液经过 51℃旋转蒸发浓缩仪减压浓缩，最后定容配制成 4：10、8：10、16：10 的水浸液，放入 4℃冰箱中备用。

1.2.3　枯落物水浸液的制备

取自然风干的连作菊花枯落物粉碎，过筛备用。称取枯落物干粉，按 1：10（w/v）的比例用去离子水浸泡 72h，间歇振荡，过滤，将滤液经过 51℃旋转蒸发浓缩仪减压浓缩，最后定容配制成 4：10、8：10、16：10 的水浸液，放入 4℃冰箱中备用。

1.3　盆栽菊花品种高压太子水浸液的浇灌处理

上盆后以不同部位及不同浓度水浸液处理盆栽菊花品种高压太子，每处

理每周浇灌一次，每次 100mL/盆，3 盆重复，共浇灌 12 次，对照为去离子水。处理期间按常规技术养护管理，120d 后结束浇灌。

1.4　生长和生理指标测定

用游标卡尺测量花枝粗度、花枝长度与花序直径；以相对电导率（电导法）和 MDA 含量（TBA 法）表示受体菊花叶片细胞膜脂的受损程度；叶片 PAL 酶活性以每分钟 OD_{290} 增加 0.01 的酶量定为一个酶活力单位 U，以牛血清蛋白制作标准曲线；根系脱氢酶活性、叶片硝酸还原酶活性的测定参考张志良的方法、叶片中可溶性蛋白含量（考马斯亮蓝 G－250 法）以标准牛血清蛋白制作标准曲线。以上测定各重复 6 次。

1.5　数据处理及统计

以响应指数 RI（response index）衡量菊花不同部位水浸液自毒效应的大小，即：

$$RI = \begin{cases} 1-C/T & \text{当 } T \geqslant C \\ T/C-1 & \text{当 } T < C \end{cases}$$

式中，C 为对照值，T 为处理值，$RI \geqslant 0$ 为促进，$RI < 0$ 为抑制，定义对照的 RI 值为 0，绝对值的大小与作用强度一致。所得数据用 SPSS 软件进行差异显著性分析，a 和 A 分别代表在 5% 和 1% 水平上的差异显著性。

2　结果与分析

2.1　不同水浸液处理对花枝长度、花序直径和花枝粗度的影响

表 7-1 表明，不同水浸液对盆栽菊花的花枝长度、花序直径与花枝粗度呈现出程度不同的抑制趋势。与对照的 RI 值相比，不同浓度水浸液处理对受体菊花生长的抑制作用具有浓度梯度效应，随水浸液浓度的提高，对生长的抑制效应渐趋显著，16：10 浓度的不同部位水浸液对花枝长度、花序直径与花枝粗度的抑制作用均分别达到极显著的水平。菊花品种高压太子的自毒作用还存在部位差异，尤以叶与枯落物水浸液的抑制程度最为显著，而根系水浸液的抑制作用较弱。各水浸液处理对花枝长度、花序直径与花枝粗

度抑制（以总平均 RI 值表示）的差异顺序是：枯落物（0.281）＞叶（0.270）＞茎（0.263）＞根际土壤（0.231）＞根系水浸液（0.145），即水浸液的自毒效应表现出随处理浓度的增加而增强的趋势。

表 7 - 1　不同水浸液对盆栽菊花品种高压太子花枝长度、
直径与花枝粗度的影响

水浸液处理	浓度（w/v）	花枝长度 RI	花序直径 RI	花枝粗度 RI	总平均 RI 值
枯落物	CK	0.000aA	0.000aA	0.000aA	0.000
	4∶10	−0.073abAB	−0.029aA	−0.038bAB	−0.047
	8∶10	−0.107bB	−0.155bB	−0.066cB	−0.109
	16∶10	−0.379cC	−0.310cC	−0.154dC	−0.281
叶	CK	0.000aA	0.000aA	0.000aA	0.000
	4∶10	−0.114bA	−0.231bB	−0.009aA	−0.118
	8∶10	−0.166cA	−0.319 cC	−0.042bAB	−0.176
	16∶10	−0.354dB	−0.316 cC	−0.140cB	−0.270
茎	CK	0.000aA	0.000aA	0.000aA	0.000
	4∶10	−0.101bA	+0.056aAB	−0.015aA	−0.020
	8∶10	−0.163cA	−0.252bB	−0.084bA	−0.166
	16∶10	−0.333dB	−0.355cC	−0.101cB	−0.263
根际土壤	CK	0.000aA	0.000aA	0.000aA	0.000
	4∶10	−0.060aAB	+0.080aA	−0.016aA	+0.001
	8∶10	−0.121bB	−0.230bB	−0.049bA	−0.133
	16∶10	−0.189cB	−0.370cB	−0.135cB	−0.231
根系	CK	0.000aA	0.000aA	0.000aA	0.000
	4∶10	+0.017aA	−0.119bAB	−0.009aA	−0.037
	8∶10	−0.113bA	−0.229cB	−0.017aA	−0.120
	16∶10	−0.163bB	−0.239cB	−0.033bA	−0.145

注：CK：对照；表中响应指数 RI 数据为同一处理自毒效应的平均值；"＋"和"－"分别代表促进和抑制效应；表中字母大小写分别表示差异显著性水平（a＝0.05，A＝0.01）；下同。

2.2　不同水浸液处理对受体菊花叶片相对电导率和 MDA 含量的影响

相对电导率测定结果表明，叶与枯落物水浸液浇灌显著促进了盆栽菊花品种高压太子相对电导率的增加。其中，4∶10、8∶10、16∶10浓度的叶水浸液比对照的相对电导率分别提高了21.1％、40.7％和43.9％；枯落物水浸液分别比对照提高17.9％、43.1％和48.0％，与对照的差异均达到极显著的水平。茎、根际土壤及根系水浸液的相对电导率比对照有所提高，但统计表明这种差异并不显著（图7-1a）。说明叶与枯落物水浸液浇灌处理显著破坏了受体菊花叶片细胞膜的稳定性。

MDA含量随着水浸液处理浓度的升高，呈现出提高的趋势（图7-1b）。不同部位水浸液处理中以叶和枯落物水浸液处理后的增加幅度最大。4∶10、8∶10、16∶10浓度的叶水浸液分别比对照MDA含量（1.45nmol/gFW）提高27.6％、33.8％和44.1％，枯落物水浸液则分别提高22.1％、34.5％和46.9％，均达到极显著的水平。8∶10、16∶10浓度的茎水浸液比对照提高20.0％和21.4％，达到显著水平。根际土壤在4∶10处理时还比对照略有下降，但与其余各浓度处理一样，均与对照没有显著性差异（图7-1b）。研究表明，受体菊花叶片受到了来自不同部位水浸液处理的自毒作用，叶片MDA含量随着水浸液处理浓度的升高而增加，而以叶和枯落物水浸液处理后的胁迫作用最为显著。

2.3 不同水浸液处理对受体菊花叶片酶活性的影响

2.3.1 硝酸还原酶

硝酸还原酶活性的测定表明，除枯落物水浸液以外，其他水浸液处理对其活性的影响并不显著（图7-1c）。8∶10浓度枯落物水浸液处理后的酶活性比对照的$48.87\mu gNO_2{}^{-1}/gFW \cdot h^{-1}$下降30.1％，差异在0.05水平上显著；16∶10浓度时比对照下降37.0％，达到极显著水平。

2.3.2 根系脱氢酶

根系脱氢酶活性受水浸液处理的影响较大，随水浸液浓度的升高，根系脱氢酶活性逐渐下降。与对照（$9.73\mu g/gFW \cdot h^{-1}$）相比，以枯落物水浸液下降的幅度最大，8∶10、16∶10浓度处理较对照下降34.8％和57.7％，差异达到极显著水平。叶水浸液在8∶10、16∶10浓度时分别比对照下降22.7％和51.1％，分别达到显著和极显著水平。16∶10浓度的茎水浸液较对照下降33.4％，均达到显著水平。其他浓度与处理脱氢酶活性有所下降，但差异明显（图 7 - 1d）。

2.3.3　PAL 酶

PAL 酶是苯丙烷类代谢途径的关键酶和限速酶，也是次生代谢产物合成的关键酶之一，中间产物酚类物质及终产物木质素、植保素、黄酮、异类黄酮等物质与植物抗性密切相关，因此 PAL 酶被认为是植物的防御系统的关键酶之一。结果表明，水浸液对 PAL 酶活性表现出抑制的趋势，随着处理浓度的增加，抑制的程度加剧，以枯落物及叶水浸液对之活性的抑制较为显著。与对照（12.0U/mg·Pr）相比，叶水浸液 8∶10、16∶10 浓度处理较对照下降 34.8% 和 41.2%，均达到极显著水平。8∶10、16∶10 枯落物水浸液处理则下降 16.5% 和 30.4%，差异达显著水平，其中 16∶10 处理的达极显著水平。16∶10 浓度的根际土壤水浸液对 PAL 酶活性的抑制也达到显著水平，比对照下降了 23.7%（图 7 - 1e）。

2.4　不同水浸液处理对受体菊花叶片可溶性蛋白含量的影响

不同部位水浸液处理对受体菊花叶片中可溶性蛋白含量的影响见图 7 - 1f。8∶10、16∶10 浓度的叶水浸液处理后可溶性蛋白含量比对照（1.04mg·g^{-1}FW）下降 23.8% 和 36.8%；枯落物水浸液则分别下降 25.3% 和 38.7%，均达到显著水平。其余浓度处理与对照无显著性差异。

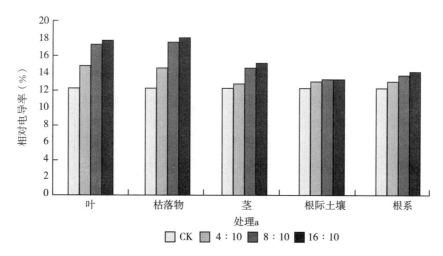

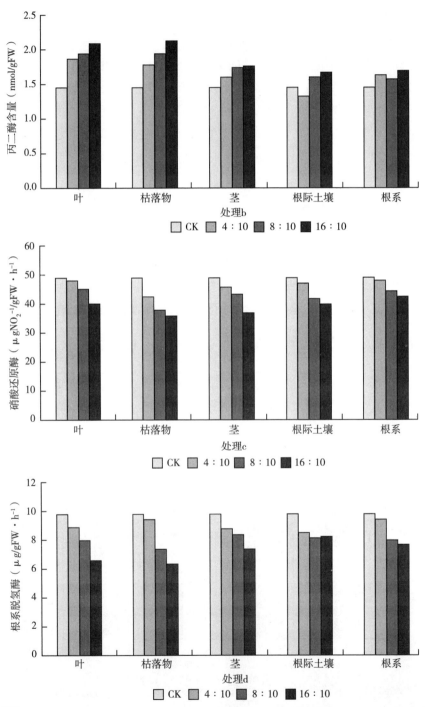

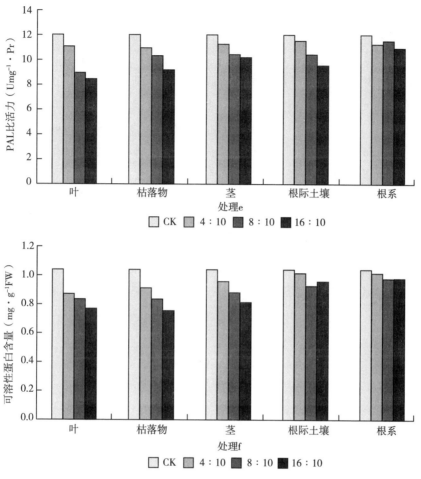

图 7-1　水浸液处理对盆栽菊花品种高压太子生理特性的影响

3　讨论

菊花不同部位水浸液浇灌实验结果表明，水浸液处理对盆栽菊花生长表现出自毒作用，证实自毒作用是导致菊花连作障碍的原因之一。自毒作用在外观上表现为生长量小，花茎长度、直径与花梗粗度比对照减小，直接影响到切花菊的品质和产量。随着水浸液处理浓度的提高，自毒表现出的抑制作用也越大，前人亦有类似的研究结论。水浸液的自毒作用是通过抑制受体根系吸收、促进离子渗漏和膜脂过氧化的发生；抑制某些重要酶的活性，削弱受体植物对营养的吸收利用；降低植物抵御逆境的能力；抑制体内蛋白质的合成等途径实现的。其中以对根系脱氢酶活性的抑制最为显著，显示水浸液中的自毒作用物质伤害了根系原生质膜，严重抑制根系活力，由此导致对矿物质等营养元素吸收利用受阻，这与王芳和王敬国对茄子（*Solanum melongena* L.）自毒作用的研究和 Einhellig 等人对高粱（*Sorghum bicolor* L.）的化感作用研究结果相似。本研究还显示，对受体植物某些酶活性的自毒作用具有不同的敏感性或选择性。菊花在大面积人工集约化栽培情形下，单株面临种内生存竞争的压力，通过不同途径向体外释放自毒作用物质，减轻同种内部的竞争压力，整个种群可能通过自毒作用的调节机制调节种群密度至一个合适范围。某些沙漠植物在缺水胁迫时也会产生自毒作用，从而利用有限的水分，保持该物种的生存和繁衍。菊花不同部位水浸液中的自毒作用物质是什么，还需进一步研究。

第 8 章

菊花不同部位及根际土壤水浸液
对其扦插苗生长的自毒效应①

　　插穗中的营养物质含量与代谢标志酶活性及变化对扦插不定根的形成密切相关。插穗生根是一个大量消耗营养物质和能量的过程,营养物质是插穗生根的基本条件之一。现已证实,蛋白质有调节细胞生长和分化的功能,又是细胞原生质的主要组成部分,插穗可溶性蛋白质与植物根的形态发生有关。碳水化合物中的可溶性糖类与插穗生根有关,其中可溶性糖含量水平直接反映了生物能源物质的供给与转化情况;可溶性糖积累于插穗基部,可诱导根原基和不定根的形成。

　　植物不同部位水浸液对插穗生根的生物学效应已有一些报道,如尾叶桉茎水浸液能抑制绿豆插穗生根;扁核木和灰栎种子渗出液抑制菜豆子叶扦插不定根的生成;树牵牛茎和叶浸提液抑制菜豆茎扦插生根;三叶鬼针草和芒萁水浸液对薇甘菊的扦插表现出明显的抑制作用等。白茅的根原液促进落叶松插条的生根,但水浸液对自身插穗生根的生物学效应研究报道较少。菊花的自毒作用抑制了菊花的生长,是导致其连作障碍的原因之一,制约其规模化、专业化和设施化生产,但菊花自毒作用的机制目前尚不十分清楚。本试验以自毒作用明显的菊花品种高压太子为试材,探讨菊花不同部位及根际土壤水浸液处理对菊花扦插生根能力与若干生理指标的关系,为进一步研究菊花的自毒机理提供理论依据。

　　① 基金资助:河南科技学院高层次人才科研项目启动基金(20070026)。本章内容发表于西北植物学报,2010,30(4):645-651.作者:周凯、王智芳、郝峰鸽、郭维明.

1　材料与方法

1.1　试验材料

菊花品种高压太子插穗由南京友邦菊业有限公司提供。

1.2　水浸液制备及插穗处理

本实验在南京农业大学园艺楼玻璃温室中进行。菊花枯落物、叶、茎、根际土壤和根系水浸液的制备参考作者之前的方法。即取风干的高压太子根际土壤，研磨后过筛，浸泡（8∶10，w/v），离心（1 800×g，24℃，10min），取上清液过滤后减压浓缩，定容配制成质量浓度分别为 0.4g/mL（即相当于 4g 干重根际土壤样品浸于 10mL 去离子水中，下同）、0.8g/mL、1.6g/mL 的根际土壤水浸液。取高压太子整株，先用水清洗植株及根系上黏附的灰尘，分成枝、叶和根系三部分，分别晾干、剪切成 1cm 小段，按 1∶10（w/v）的比例用去离子水浸泡 24h，过滤、减压浓缩，最后分别定容配制成上述浓度的枝、叶和根系水浸液。取自然风干的连作菊花枯落物粉碎，过筛，按 1∶10（w/v）的比例用去离子水浸泡 72h，过滤、减压浓缩，最后定容配制成上述浓度的枯落物水浸液。

选长势整齐一致的插穗（10cm）于 4 月下旬扦插于塑料小花盆（Φ10cm）中，扦插基质为蛭石。盆底下置一培养皿，每盆 8 株，3 个重复。扦插前用 0.4、0.8、1.6g/mL 各 100mL 的菊花不同部位及根际土壤水浸液（对照为去离子水）浇灌，以后每 3d 浇灌一次，每次 20mL。16d 后结束浇灌，测定生理指标。

1.3　测定指标及其方法

扦插 16d 后，分别测定或统计扦插苗根长、鲜重和根数。扦插苗叶片叶绿素含量的测定采用分光光度计法，取基部倒数第 4 叶；根系脱氢酶活性的测定采用氯化三苯基四氮唑（TTC）法，取根尖；硝酸还原酶活性的测定参考张志良的方法稍加修改，酶活性表示为 $\mu gNO_2^{-1} \cdot gFW^{-1} \cdot h^{-1}$，取基部倒数第 4 叶；可溶性糖含量的测定采用蒽酮比色法，取基部倒数第 3 叶；

可溶性蛋白质含量的测定采用考马斯亮蓝 G-250 法，取基部倒数第 3 叶。以上各比色测定皆用 752 型紫外可见分光光度计测量，实验重复 3～5 次。

1.4 数据处理

菊花不同部位水浸液处理对扦插生根的影响用响应指数 RI（response index）衡量，其计算公式为：

$$RI = \begin{cases} 1 - C/T & (T \geqslant C) \\ T/C - 1 & (T < C) \end{cases}$$

式中，C 为对照值，T 为处理值，$RI \geqslant 0$ 为促进作用，$RI < 0$ 为抑制作用，定义对照的 RI 值为 0，绝对值的大小与作用强度一致。所得数据（除注明外，均以原始数据进行）用 SPSS 软件进行差异显著性分析。

2 结果与分析

2.1 水浸液对扦插苗根的长度、鲜重及数量的影响

表 8-1 显示，菊花不同部位和根基土水浸液对其扦插苗生根的根长、根鲜重及根数呈现出不同程度的抑制趋势。与对照的 RI 值相比，不同浓度水浸液处理对扦插苗生根的抑制作用具有浓度梯度效应，即随水浸液浓度的提高，其对生根的根长、鲜重及根数抑制效应渐趋显著；不同部位水浸液浓度达到 1.6g/mL 时对根长、鲜重及根数的抑制作用与对照相比均达到极显著水平（$P < 0.01$）。水浸液对菊花扦插生根的自毒作用还存在部位差异，尤以叶、枯落物和根际土壤水浸液的抑制作用最强，而茎和根系水浸液的抑制作用相对较弱；1.6g/mL 不同部位水浸液处理对菊花扦插生根自毒作用的响应指数（以不同浓度总平均 RI 值表示，下同）顺序依次为：枯落物（-0.374）>叶（-0.343）>根际土壤（-0.310）>茎（-0.264）>根（-0.142）。扦插苗生根的根长、鲜重及根数对水浸液处理的敏感程度亦不同，并以水浸液对根长的抑制作用最强；1.6g/mL 枯落物、叶、茎、根际土壤和根系水浸液对根长的抑制响应指数与对照相比均有极显著的差异，其中以叶水浸液和枯落物水浸液的抑制作用最强。

以上结果表明，菊花自毒作用对其扦插苗生根抑制存在部位差异，并以

枯落物和叶水浸液的自毒作用最为明显；水浸液对扦插苗生根的抑制作用具有浓度梯度效应，浓度越高抑制作用越强；扦插苗生根的根长、鲜重及根数对水浸液处理的敏感程度亦不同，其中以根长最为敏感。

表8-1　扦插苗（16d）根长、鲜重和根数对不同部位水浸液处理的响应指数

水浸液	质量浓度/ (g·mL⁻¹)	响应指数 RI			RI 平均值
		根长	鲜重	根数	
枯落物	0（CK）	0.000aA	0.000aA	0.000aA	0.000
	0.4	−0.115aA	−0.157bB	−0.261bB	−0.178
	0.8	−0.276bB	−0.212cC	−0.278cC	−0.255
	1.6	−0.554cC	−0.238dD	−0.330dD	−0.374
叶	0（CK）	0.000aA	0.000aA	0.000aA	0.000
	0.4	−0.170bB	−0.142bB	−0.136bB	−0.149
	0.8	−0.407cC	−0.305cB	−0.318cC	−0.280
	1.6	−0.596dD	−0.450cB	−0.486dD	−0.343
茎	0（CK）	0.000aA	0.000aA	0.000aA	0.000
	0.4	−0.121cB	−0.163bB	−0.077aAB	−0.120
	0.8	−0.117cB	−0.190bB	−0.118bB	−0.142
	1.6	−0.273dC	−0.287cC	−0.233cC	−0.264
根际土壤	0（CK）	0.000aA	0.000aA	0.000aA	0.000
	0.4	−0.217bB	−0.017aA	−0.081aA	−0.105
	0.8	−0.393cC	−0.081aA	−0.197bB	−0.257
	1.6	−0.485dD	−0.186bB	−0.260cC	−0.310
根系	0（CK）	0.000aA	0.000aA	0.000aA	0.000
	0.4	−0.036aA	−0.026aAB	−0.055aA	−0.039
	0.8	−0.205bB	−0.062bB	−0.105bB	−0.124
	1.6	−0.232cC	−0.081cB	−0.112bB	−0.142

　　注：CK. 对照；负值表示抑制作用；表中数据为同一处理自毒响应指数的平均值；表中字母大小写分别表示差异达到 0.01 和 0.05 显著性水平；下同。

2.2　水浸液对扦插苗叶片叶绿素含量的影响

　　表8-2显示，水浸液处理对菊花扦插苗叶片叶绿素 a、叶绿素 b、叶绿

素（a+b）含量均存在抑制作用，且均与对照存在显著差异。不同部位的水浸液对叶绿素含量的抑制程度不同，表现出如下的顺序：枯落物＞茎＞叶＞根际土壤＞根水浸液。叶绿素的含量在同一处理之间亦有很明显的浓度差异，且随着浓度的增加而逐渐降低，浓度间呈现显著性差异。茎和叶水浸液对叶片叶绿素（a/b）比值的抑制达到极显著水平，说明这两种水浸液对叶绿素 a 含量的抑制极其显著，而对叶绿素 b 的含量下降的幅度则没有叶绿素 a 的大；其余水浸液处理叶片的叶绿素（a/b）值均与对照没有显著的差异。以上结果表明，菊花不同部位及根际土壤水浸液显著抑制其扦插苗叶片叶绿素的含量可能是造成自毒作用的重要原因，这与在盆栽试验中取得的结果类似，其他材料上也有化感或自毒作用导致受体植物叶绿素含量下降的报道。

表 8-2　不同水浸液处理扦插苗叶片叶绿素含量

水浸液	质量浓度 (g·mL^{-1})	响应指数（RI）			
		叶绿素 a	叶绿素 b	叶绿素（a+b）	叶绿素（a/b）
枯落物	0（CK）	0.000aA	0.000aA	0.000aA	0.000aA
	0.4	−0.029bA	−0.020bA	−0.027bA	−0.009aA
	0.8	−0.065cB	−0.050cB	−0.061cB	−0.016aA
	1.6	−0.350dC	−0.427dC	−0.370dC	−0.135bB
叶	0（CK）	−0.000aA	0.000aA	0.000aA	0.000aA
	0.4	−0.321bB	−0.108bA	−0.274bB	−0.239bB
	0.8	−0.356cC	−0.144bB	−0.308cC	−0.247bB
	1.6	−0.361cC	−0.162cB	−0.317dC	−0.237bB
茎	0（CK）	−0.000aA	0.000aA	0.000aA	0.000aA
	0.4	−0.297bB	−0.071bAB	−0.256bBC	−0.257bB
	0.8	−0.309bB	−0.082bB	−0.249bB	−0.233bB
	1.6	−0.377cC	−0.159cC	−0.328cC	−0.258bB
根际土壤	0（CK）	−0.000aA	0.000aA	0.000aA	0.00aA
	0.4	−0.023bAB	−0.019bA	−0.022bAB	−0.004aA
	0.8	−0.074bB	−0.109cB	−0.083cB	+0.039bA
	1.6	−0.161cC	−0.185dC	−0.167dC	+0.029bA

（续）

水浸液	质量浓度 $(g \cdot mL^{-1})$	响应指数（RI）			
		叶绿素 a	叶绿素 b	叶绿素（a+b）	叶绿素（a/b）
根系	0（CK）	0.000aA	0.000aA	0.000aA	0.000aA
	0.4	−0.048bA	−0.065bB	−0.052bB	+0.019abA
	0.8	−0.049bA	−0.120cB	−0.068bB	−0.079bAB
	1.6	−0.132cB	−0.226dC	−0.134cC	−0.120cB

2.3 水浸液对扦插苗硝酸还原酶和脱氢酶活性影响

2.3.1 叶片硝酸还原酶活性

硝酸还原酶是植株对 $NO_3^- - N$ 吸收的重要指标，是氮素代谢关键性酶，催化 NO_3^- 到 NO_2^- 的还原反应，其活性大小可以反映植物对 NO_3^- 的吸收利用状况。图 8-1a 显示，各种水浸液对菊花扦插苗叶片硝酸还原酶活性呈现出抑制的趋势，它们均随着浓度的增加而逐渐降低，且处理间差异渐趋增大。其中，与对照（$49.33\mu gNO_2^{-1} \cdot g^{-1}FW \cdot h^{-1}$）相比，叶、枯落物和茎水浸液对硝酸还原酶活性的抑制趋势非常明显，均达到极显著水平（$P<0.01$）；而根际土壤、根系水浸液和根系分泌物的抑制作用相对较弱，甚至在较低浓度下还有促进作用。水浸液在低浓度下对硝酸还原酶活性无抑制效应，甚至有促进作用，而在高浓度时有显著抑制作用，这与化感物质苯甲酸、对羟基苯甲酸阿魏酸对土壤中硝酸还原酶、酚类对 6 种杂草硝酸还原酶的抑制作用的结果类似。

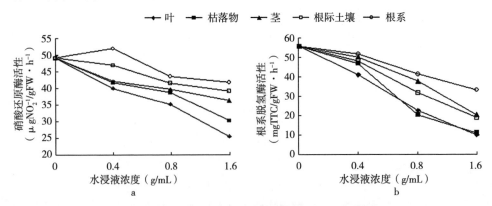

图 8-1 不同部位水浸液处理扦插苗的硝酸还原酶和脱氢酶活性

2.3.2 根系脱氢酶活性

根系脱氢酶活性的大小与根系吸收作用的强弱有着直接的关系，是植物吸收能力的重要生理指标之一，其活性直接影响地上部的营养状况。从图 8-1b 来看，扦插苗根系脱氢酶活性受各水浸液处理的影响均较大，它都随水浸液浓度的升高而逐渐下降。其中，与对照（56.2mgTTC·g^{-1}FW·h^{-1}）相比，不同水浸液处理均显著降低菊花扦插苗根系的脱氢酶活性，且叶、枯落物、茎及根际土壤水浸液处理还达到极显著的水平（$P<0.01$），1.6g/mL质量浓度的叶、枯落物、茎、根际土壤和根系水浸液分别比对照下降了48.0%、38.7%、26.1%、20.4%和15.0%。高浓度的水浸液明显抑制受体的根系脱氢酶活性，这与在其他受体植物上的化感作用所取得的结论类似。吸收作用的减弱导致菊花扦插生根后对养分吸收能力降低，尤其减少有效 N 吸收量，从而使菊花缺乏快速生长所必需的大量营养元素，致使菊花营养不良、生产力下降。

2.4 水浸液对扦插苗叶片可溶性糖和可溶性蛋白含量的影响

2.4.1 可溶性糖含量

不定根的形成有赖于插穗营养及生物氧化的影响程度，其中最主要的是碳水化合物。可溶性糖是碳水化合物相互转化和再利用的主要形式，因此测定插穗叶片可溶性糖含量可反映不同水浸液处理对插穗营养状况的影响程度。从图 8-2a 来看，扦插苗叶片可溶性糖含量受水浸液的影响较大，它随不同水浸液处理浓度的提高而逐渐下降，并以叶、枯落物和茎水浸液处理的下降幅度最大。其中，与对照（27.02μg·g^{-1}FW）相比，0.4～1.6g/mL叶和枯落物水浸液处理的叶片可溶性糖含量分别极显著降低 22.5%～54.6%和 15.0%～52.7%（$P<0.01$）；0.8g/mL 和 1.6g/mL 浓度茎水浸液处理则分别下降了 18.1%和 29.7%，分别达到显著（$P<0.05$）和极显著水平；1.6g/mL 浓度根际土壤水浸液处理显著下降了 22.4%；根系水浸液处理下降不显著（$P>0.05$）。

2.4.2 可溶性蛋白含量

可溶性蛋白是 N 素代谢活跃程度的常用指标，能揭示不同水浸液处理对插穗幼苗叶片 N 素代谢的影响。图 8-2b 的结果表明，插穗幼苗叶片可溶性蛋白含量受不同水浸液处理的影响不大，除 1.6g/mL 叶水浸液处理的可溶性蛋白含量（4.66mg·g^{-1}FW）比对照（6.95mg·g^{-1}FW）显著下降外（$P<0.05$），其他浓度水浸液处理均与对照无显著性差异（$P>0.05$）。

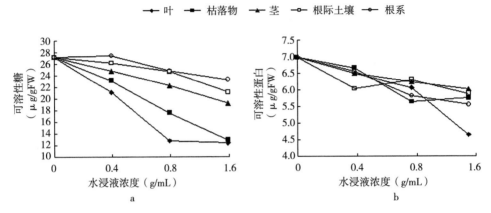

图 8-2　不同部位水浸液处理扦插苗叶片的可溶性糖和可溶性蛋白含量

以上结果说明，菊花扦插苗叶片的可溶性糖含量和可溶性蛋白含量均表现出随水浸液处理浓度增加而逐渐下降的趋势，但可溶性糖含量反应更敏感，下降幅度更大，而可溶性蛋白含量下降幅度较小，且大多与对照无显著差异。

3　讨论

本研究通过菊花不同部位和根际土壤水浸液对其自身扦插苗生长的实验表明，菊花扦插苗生根受到明显的抑制，根长、根鲜重和根数均比对照有明显的下降。菊花不同部位浸提液对扦插苗生根的抑制可能与浸提出的自毒作用物质在不同部位中含量的不同或者种类不同等有密切的关系，类似结果在其他植物自毒作用研究中有过相似的报道。

扦插苗的幼根呼吸作用较强，其脱氢酶的活性对于扦插苗的生长发育有直接的影响，对外界胁迫较为敏感。本实验表明，水浸液处理的菊花扦插苗根系脱氢酶活性受到了抑制，直接影响了其生命活动和对养分的吸收，造成扦插苗叶片还原酶活性下降。这与前人对受体植物硝酸还原酶和根系脱氢酶活性的研究结果相似。

有研究认为，自毒作用物质通过影响类囊体膜的稳定性，抑制叶片叶绿素的合成或促使其降解，导致叶绿素含量下降，从而降低植物对光能的吸收利用。前人研究还发现，菊花枯落物和叶水浸液对其盆栽苗叶片叶绿素（a＋b）含量的抑制主要是通过促进叶绿素 a 的分解或抑制其合成实现的，叶绿素 a 含量的降低是引起菊花盆栽苗光合速率降低的重要原因之一。本实验证实，菊花不同部位水浸液对其扦插苗叶片叶绿素含量也存在着自毒作用，在其他植物自毒作用的研究中也有相似的结论。

综上所述，菊花不同部位和根际土壤水浸液抑制了其扦插苗的根系脱氢酶与叶片硝酸还原酶活性，降低叶绿素的含量，导致叶片可溶性糖与可溶性蛋白的含量降低，削弱了扦插生根的 C 素及 N 素营养水平，即在营养水平上抑制了不定根的形成。菊花本是一种十分容易扦插生根的植物，但是其不同部位水浸液对其自身的扦插生根表现出明显的抑制作用，这很可能是因为菊花水浸液中存在着生根抑制物质，这些抑制物质及其化学本质分别是什么？值得进一步研究。

第 9 章
菊花不同部位水浸液处理对
光合作用的自毒作用研究①

　　自毒作用指植物通过地上部淋溶、根系分泌、植株残茬分解及气体挥发等途径释放的次生代谢产物过度积累而抑制下茬同种或同科植物生长的现象，又称自身化感作用。自毒作用在自然生态系统、农田作物和园艺植物都有较多的研究报道。许多研究表明，自毒作用是导致植物连作障碍的主要因素之一。植物自毒及化感作用研究已成为化学生态学最活跃的领域之一。

　　有研究表明，菊花的自毒作用抑制了菊花的生长，是导致其连作障碍的原因之一，但菊花自毒作用的机制目前尚不清楚。本章以存在自毒作用的菊花栽培种高压太子为材料，采用室内生测及温室盆栽的方法，研究高压太子不同部位水浸液对同品种盆栽植株光合作用的影响，探讨菊花自毒的可能作用机制，为揭示菊花自毒作用机制及其他园艺作物连作障碍问题的解决提供理论依据。

1　材料与方法

1.1　材料

　　选取健康无病虫害、长度（10cm）与粗度一致的菊花插穗品种高压太

　　① 河南科技学院重点资助项目。本章内容发表于中国生态农业学报，2009，17（2）：318 - 322.
作者：周凯，郭维明，王智芳，郝峰鸽.

子，于 2003 年 6 月下旬扦插于南京农业大学芳华园艺公司的玻璃温室内，间歇喷雾促进生根。根长一致（5cm 左右）的扦插苗上盆，素烧花盆的口径为 15cm。培养土按园土：泥炭：蛭石＝50：45：5 的比例配制。

1.2　水浸液制备

1.2.1　根际土壤水浸液

取风干的根际土壤，研磨后过 18 目筛，按 8：10（W/V）比例浸泡于烧杯中，充分振荡后静置过夜，离心（1 800×g，24℃，10min），取上清液过滤。将滤液经51℃旋转蒸发浓缩仪（ZFQ-85A 型，上海泰益医疗仪器设备有限公司，下同）减压浓缩，定容配制成 4：10（W/V）（相当于 4g 干重根际土壤样品浸于 10mL 去离子水中，下同）、8：10、16：10 的水浸液，放入 4℃冰箱中备用。

1.2.2　枝、叶和根系水浸液

取处于花期的菊花品种高压太子整株，先用水清洗植株及根系上黏附的灰尘，分成枝、叶和根系 3 部分，分别晾干、剪切成 1cm 小段，按 1：10（W/V）比例用去离子水浸泡 24h，过滤，将滤液经 51℃旋转蒸发浓缩仪减压浓缩，最后定容配制成 4：10、8：10、16：10 的水浸液，放入 4℃冰箱中备用。

1.2.3　枯落物水浸液

取自然风干的连作菊花枯落物粉碎，过筛备用。称取枯落物干粉，按 1：10（W/V）比例用去离子水浸泡 72h，间歇振荡，过滤，将滤液经 51℃旋转蒸发浓缩仪减压浓缩，最后定容配制成 4：10、8：10、16：10 的水浸液，放入 4℃冰箱中备用。

1.3　浇灌处理

上盆 1 周后以不同部位及不同浓度水浸液处理盆栽菊花品种高压太子，对照为去离子水，每处理每周浇灌 1 次，每次 100mL·盆$^{-1}$，3 盆重复，共浇灌 12 次。处理期间按常规技术养护管理，120d 后结束浇灌。

1.4　光合作用指标的测定

当年 10 月上旬分别测定光合作用各项指标。叶绿素含量的测定采用分光光度计法，取基部倒数第 4 片叶测定；光合参数取基部倒数第 4 片叶测定；净光合速率（Pn）、暗呼吸速率（Pr）、气孔导度（Gs）、细胞间隙 CO_2 浓度（Ci）和蒸腾速率（Tr）等参数的测定采用日本产 Li - 6400 便携式光合作用测定系统于典型的晴朗天气下进行。测定时光强为 $250 \pm 50 \mu mol \cdot m^{-2} \cdot s^{-1}$，叶温为 $27 \pm 1 ℃$，CO_2 浓度为 $400 \pm 10 \mu mol \cdot mol^{-1}$。在完全遮光的条件下，测定不同水浸液处理与对照叶片暗呼吸速率。以上测定各重复 6 次。

1.5 数据处理及统计

以响应指数 RI（response index）衡量菊花不同部位水浸液自毒效应的大小，即：

$$RI = \begin{cases} 1-C/T & (T \geqslant C) \\ T/C-1 & (T < C) \end{cases}$$

式中，C 为对照值，T 为处理值，$RI \geqslant 0$ 为促进，$RI < 0$ 为抑制，定义对照的 RI 值为 0，绝对值的大小与作用强度一致。所得数据用 SPSS 软件进行差异显著性分析。

2 结果与分析

2.1 水浸液处理对菊花叶片叶绿素的影响

各水浸液处理菊花叶片叶绿素 a、叶绿素 b、叶绿素（a+b）含量比对照明显降低（表 9-1）。不同部位水浸液的抑制程度不同，表现为枯落物＞叶＞茎＞根际土壤＞根系。同一处理之间叶绿素浓度亦有明显差异，随处理浓度的增加，叶绿素含量逐渐降低，差异越来越显著，但对叶绿素（a/b）比值的影响则不明显，除枯落物水浸液和叶水浸液对叶绿素（a/b）比值的抑制达到极显著水平外，其余处理均与对照无太大差异。说明枯落物水浸液和叶水浸液对叶绿素 a 含量的抑制极显著，而对叶绿素 b 的抑制作用则相对较小。

表 9-1　不同水浸液处理对盆栽菊花品种高压太子叶片叶绿素含量的影响

处理		RI			
		叶绿素 a	叶绿素 b	叶绿素 （a+b）	叶绿素 （a/b）
枯落物	CK	0.000aA	0.000aA	0.000aA	0.000aA
	4∶10	−0.020bA	−0.029bA	−0.027bA	−0.257bB
	8∶10	−0.050cB	−0.065cB	−0.061cB	−0.233bB
	16∶10	−0.427dC	−0.250dC	−0.370dC	−0.258bB
叶	CK	−0.000aA	0.000aA	0.000aA	0.000aA
	4∶10	−0.321bB	−0.108bA	−0.274bB	−0.239bB
	8∶10	−0.356cBC	−0.144bB	−0.308cC	−0.247bB
	16∶10	−0.377cC	−0.162cB	−0.328dC	−0.237bB
茎	CK	−0.000aA	0.000aA	0.000aA	0.000aA
	4∶10	−0.297bB	−0.071bAB	−0.256bBC	−0.009aA
	8∶10	−0.309bB	−0.082bB	−0.249bB	−0.016aA
	16∶10	−0.361dC	−0.159cC	−0.317cC	−0.135bA
根际土壤	CK	0.000aA	0.000aA	0.000aA	0.000aA
	4∶10	−0.056bB	−0.019bA	−0.022bAB	−0.004aA
	8∶10	−0.068bB	−0.109cB	−0.083cB	+0.019aA
	16∶10	−0.218cC	−0.185dC	−0.167dC	−0.029bA
根系	CK	0.000aA	0.000aA	0.000aA	0.000aA
	4∶10	−0.048bA	−0.065bB	−0.052bB	−0.019aA
	8∶10	−0.049bA	−0.120cB	−0.068bB	−0.079aA
	16∶10	−0.132cB	−0.226dC	−0.134cC	−0.120bA

注：表中响应指数 RI 数据为同一处理自毒效应的平均值；"＋"和"−"分别代表促进和抑制效应；表中字母大小写分别表示 $a=0.01$ 和 $a=0.05$ 差异显著水平，下同。

2.2　水浸液处理对菊花叶片光合效能的影响

净光合速率是衡量植物合成功能的重要生理指标。不同部位、不同浓度水浸液处理显著降低了菊花叶片净光合速率（Pn），且差异显著。随处理浓度的增加，Pn 下降幅度加大。其中以 16∶10 枯落物（$RI=−0.484$）与叶水浸液（$RI=−0.417$）的作用最明显，差异也最显著。

不同部位、不同浓度水浸液处理后均促进了菊花的暗呼吸速率，与对照差异渐趋显著，以 $1.6\mathrm{g} \cdot \mathrm{mL}^{-1}$ 的枯落物水浸液（$RI = +0.671$）、叶水浸液（$RI = +0.637$）和根际土壤水浸液（$RI = +0.580$）的抑制作用最大。

气孔导度表明气体通过气孔传导的能力，直接影响蒸腾、水势和光合速率等。不同水浸液处理对气孔导度的影响也都呈现抑制的效应，同时表现出同一处理之间的浓度梯度效应，即随着处理液浓度的增加，抑制效应增强。

水浸液处理对叶片胞间 CO_2 浓度的影响较为复杂，既有胞间 CO_2 浓度升高的趋势（茎和根系水浸液），也有降低的趋势（叶、枯落物和根际土壤）。升高与降低均逐渐增强，其中高浓度水浸液处理的响应指数（RI）较对照差异显著。

综合表 9-2 可以看出，随着水浸液处理浓度的增加，菊花叶片的净光合速率和气孔导度均呈下降趋势，胞间 CO_2 浓度则有处理间的差异，而暗呼吸速率则呈上升趋势。这与化感物质抑制油松、大豆等的光合作用的结论类似。

表 9-2　不同部位、不同浓度水浸液对盆栽菊花品种高压太子 Pn、Pr、Gs 和 Ci 的影响

处理		RI			
		净光合速率（Pn）	暗呼吸速率（Pr）	胞间 CO_2 浓度（Ci）	气孔导度（Gs）
枯落物	CK	0.000aA	0.000aA	0.000aA	0.000aA
	4∶10	−0.164bB	+0.493bB	−0.337bB	−0.186bB
	8∶10	−0.281cC	+0.622cC	−0.487cC	−0.287cC
	16∶10	−0.484dD	+0.671dC	−0.652dD	−0.468dD
叶	CK	0.000aA	0.000aA	0.000aA	0.000aA
	4∶10	−0.105bB	+0.236bB	−0.303bB	−0.241bB
	8∶10	−0.223cC	+0.538cC	−0.574cC	−0.324cC
	16∶10	−0.417dD	+0.637dD	−0.887dD	−0.659dD

（续）

处理		RI			
		净光合速率（Pn）	暗呼吸速率（Pr）	胞间 CO_2 浓度（Ci）	气孔导度（Gs）
茎	CK	0.000aA	0.000aA	0.000aA	0.000aA
	4：10	−0.120bB	+0.306bB	+0.147bB	−0.345cC
	8：10	−0.259cC	+0.379bB	+0.395cC	−0.257bB
	16：10	−0.359dD	+0.483cC	+0.505dD	−0.544dD
根际土壤	CK	0.000aA	0.000aA	0.000aA	0.000aA
	4：10	−0.085bA	+0.270bB	−0.382bB	−0.252bB
	8：10	−0.230cB	+0.456cC	−0.344bB	−0.354cC
	16：10	−0.384dC	+0.580dD	−0.581cC	−0.573dD
根系	CK	0.000aA	0.000aA	0.000aA	0.000aA
	4：10	−0.100bAB	+0.073abA	+0.166bB	−0.108bB
	8：10	−0.172cBC	+0.125bA	+0.149bB	−0.135cBC
	16：10	−0.234dC	+0.332cB	+0.294cC	−0.221dC

3　讨论

研究结果表明，不同部位水浸液处理显著抑制叶片叶绿素的合成或促使其降解，表明水浸液中水溶性自毒物质是造成叶绿素含量下降的重要原因，与在油松、水稻和茄子上的研究结论类似。研究还发现，枯落物和叶水浸液对叶绿素（a＋b）含量的抑制主要是通过促进叶绿素 a 的分解或抑制其合成实现的，对叶绿素 b 的抑制幅度较叶绿素 a 小，导致叶绿素（a/b）比值下降较快。据报道，自毒物质可能通过影响类囊体膜的稳定性，导致叶绿素的含量降低，从而降低了叶绿体对光能的吸收，影响了光能在两个光系统之间的合理分配，进而降低光合速率。显然，叶绿素 a 含量的降低是引起菊花光合速率降低的重要原因之一。自毒作用最终抑制了盆栽菊花的生长，外观上表现为生长量小，花茎长度、直径与花梗粗度比对照减小，直接影响到切花菊的品质和产量。

净光合速率的主要影响因素除叶绿素含量以外，还与气孔导度有关。有研究认为，气孔导度是光合速率的限制因子。气孔是限制光合作用的重要因素，但只通过气孔导度的大小来判断对光合速率的限制是不全面的，只有在细胞间隙 CO_2 浓度降低和气孔限制值增大时才可以认为光合速率降低是由于气孔导度降低引起的。本研究显示，自毒物质对气孔导度有明显的抑制作用，同时枯落物、叶和根际土壤处理后胞间 CO_2 浓度（Ci）降低也印证了光合速率降低是由于气孔导度下降所致。

茎和根系水浸液处理后胞间 CO_2 浓度明显增加，而净光合速率降低，原因可能是这两种水浸液的自毒物质对光合作用的抑制机制不同。这类自毒物质对光合作用的抑制可能是通过非气孔因素，即叶肉细胞的光合活性降低，利用 CO_2 的能力降低，从而导致净光合速率降低。

在大面积人工集约栽培下，植物面临种内竞争的压力，通过包括自毒作用在内的调节机制调节种群密度至一个合适的范围。但在现代设施栽培条件下，连作障碍一直是影响园艺和其他农作物专业化和设施化生产的一个制约因素，如何解决保护地栽培和设施栽培生产带来的连作障碍和自毒问题已是当务之急。

第 10 章
菊花自毒作用对扦插苗根系膜稳定性的影响①

供体植物通过气体挥发、雨水淋溶、根系分泌、残株分解等途径释放出化感作用物质到周围环境中，抑制受体植物的生长，而化感作用物质往往首先作用于根。菊花的自毒作用是导致菊花连作障碍的原因之一，抑制菊花扦插苗根系的生长，但目前还不清楚菊花根系遭受自毒作用后的生理生态响应。本章以存在明显自毒作用的菊花为试材，探讨菊花不同部位水浸液处理对其扦插苗根系膜稳定性的影响，为进一步研究菊花的自毒作用机理提供理论依据。

1 材料与方法

1.1 实验材料

菊花品种高压太子插穗由南京友邦菊业有限公司提供。

1.2 实验方法

1.2.1 菊花试材前处理

菊花枯落物、叶、茎、根际土壤和根系水浸液的制备参考周凯等的方法，即取风干的高压太子根际土壤，研磨后过筛，浸泡（8∶10，W/V），离心（1 800×g，24℃，10min），取上清液过滤后减压浓缩，定容配制成浓度分别

① 基金资助：河南科技学院重点资助项目（20070026）。本章内容发表于广东农业科学，2011，38（6）：53 - 54，57. 作者：周凯，郝峰鸽，王智芳，郭维明．

为 0.4g/mL、0.8g/mL、1.6g/mL 的根际土壤水浸液。取高压太子整株，先用水清洗植株及根系上黏附的灰尘，分成枝、叶和根系 3 部分，分别晾干明水、剪切成 1cm 小段，按 1∶10（W/V）的比例用去离子水浸泡 24h，过滤、减压浓缩，最后分别定容配制成上述浓度的枝、叶和根系水浸液。取自然风干的连作菊花枯落物粉碎，过筛，按 1∶10（W/V）的比例用去离子水浸泡 72h，过滤、减压浓缩，最后定容配制成上述浓度的枯落物水浸液。

选长势整齐一致的插穗（10cm）于 4 月下旬扦插于塑料小花盆（直径 10cm）中，扦插基质为蛭石。盆底下置一培养皿，每盆 8 株，3 次重复。扦插前用 0.4g/mL、0.8g/mL、1.6g/mL 各 100mL 的菊花不同部位及根际土壤水浸液（对照为去离子水）浇灌，以后每 3d 浇灌 1 次，每次 20mL。

1.2.2　生理指标测定

16d 后结束浇灌，以根尖为试材，测定各项指标。过氧化物酶（POD）活性的测定采用张志良的方法稍加修改，用 U/g・min（FW）表示 POD 活性的大小；超氧化物歧化酶（SOD）活性的测定采用氮蓝四唑（NBT）光化还原法；过氧化氢酶（CAT）活性的测定参照 Beers 等的方法并略有修改，以 U/g・min（FW）表示；丙二醛（MDA）含量的测定采用 TBA 法；电导率的测定参考黄建昌等的方法。

1.2.3　数据处理及统计

菊花不同部位水浸液处理对扦插生根膜稳定性的影响用响应指数 RI（response index）衡量，计算公式为：

$$RI = \begin{cases} 1-C/T & (T \geqslant C) \\ T/C-1 & (T < C) \end{cases}$$

式中，C 为对照值，T 为处理值，$RI \geqslant 0$ 为促进，$RI < 0$ 为抑制，定义对照的 RI 值为 0，绝对值的大小与作用强度一致。所得数据用 SPSS 软件进行差异显著性分析。

2　结果与分析

2.1　水浸液处理对扦插菊花根系 POD 活性的影响

表 10-1 结果表明，不同部位与不同浓度的水浸液对扦插菊花根系

POD 酶活性均呈现抑制趋势，并且随水浸液处理浓度的升高，抑制效应愈趋显著。其中，叶和枯落物水浸液对根系 POD 酶的抑制作用最强。与对照相比，0.8g/mL 与 1.6g/mL 处理的 POD 活性分别比对照减少 36.8% 和 30.8%、72.8% 和 56.0%，达到极显著水平。根系水浸液也有抑制 POD 酶活性的趋势，与对照相比，1.6g/mL 根系水浸液处理的 POD 酶活性比对照减少 16.3%。

表 10-1　不同部位水浸液处理对菊花品种高压太子扦插苗根系 POD、SOD 和 CAT 酶活性的影响

水浸液处理	质量浓度 (g·mL^{-1})	响应指数 RI			RI 平均值
		POD	SOD	CAT	
枯落物	CK	0.000 aA	0.000aA	0.000aA	0.000
	0.4	−0.032 aA	−0.064bAB	−0.137 A	−0.078
	0.8	−0.368 bB	−0.124 cB	−0.348cB	−0.280
	1.6	−0.728 cC	−0.293 dC	−0.550dC	−0.524
叶	CK	0.000aA	0.000aA	0.000aA	0.000
	0.4	−0.105 bA	−0.145 bA	−0.152bA	−0.134
	0.8	−0.308 cB	−0.267 cB	−0.329 B	−0.301
	1.6	−0.560dC	−0.431dC	−0.747 C	−0.579
茎	CK	0.000aA	0.000aA	0.000aA	0.000
	0.4	−0.022 aA	−0.079 abAB	−0.141abAB	−0.081
	0.8	−0.119 bB	−0.113 bB	−0.199 bAB	−0.117
	1.6	−0.315 cC	−0.297 cC	−0.241 bB	−0.284
根际土壤	CK	0.000aA	0.000aA	0.000aA	0.000
	0.4	−0.065 abA	−0.052 abAB	−0.083 abA	−0.067
	0.8	−0.112 bAB	−0.130 bB	−0.107 bA	−0.116
	1.6	−0.225 cB	−0.169 cB	−0.316 cB	−0.237
根系	CK	0.000aA	0.000aA	0.000aA	0.000
	0.4	−0.061 bA	−0.031 aA	−0.104 bAB	−0.065
	0.8	−0.077 bAB	−0.138 bAB	−0.128 bAB	−0.114
	1.6	−0.263 cB	−0.167 bB	−0.296 cB	−0.242

2.2　水浸液处理对扦插菊花根系 SOD 活性的影响

不同水浸液处理对菊花扦插苗根系 SOD 酶活性的抑制也呈类似抑制的趋势。与对照相比，叶和枯落物水浸液对 SOD 酶活性的抑制均达显著水平。其中，0.8g/mL 与 1.6g/mL 处理的 SOD 酶活性比对照分别减少 12.4% 和 26.7%、29.3% 和 43.1%，差异达到极显著水平。

2.3　水浸液处理对扦插菊花根系 CAT 活性的影响

不同部位的水浸液处理对扦插菊花根系 CAT 活性呈抑制趋势，浓度越高，抑制效应也越明显。0.8g/mL 与 1.6g/mL 叶水浸液处理分别比对照减少 34.8% 和 32.9%；0.8g/mL 与 1.6g/mL 枯落物水浸液处理分别比对照减少 55.0% 和 74.7%，都达到极显著的水平。

2.4　不同部位水浸液处理对扦插菊花根系 MDA 含量的影响

菊花扦插苗根系 MDA 含量随不同水浸液浓度的升高呈现出不同程度增加的趋势，见图 10 - 1a。其中，叶、枯落物和茎水浸液在 1.6g/mL 浓度下对根系 MDA 的生成有显著的促进，分别是对照的 2.07 倍、2.27 倍和 1.90 倍，与对照的差异均达极显著水平。结果还表明，不同部位水浸液处理之后，菊花扦插苗根系脂质过氧化水平明显增加。这表明膜脂受到了过多自由基的伤害，尤以 1.6g/mL 质量浓度对膜脂的伤害程度最深。

2.5　不同部位水浸液处理对扦插菊花根系相对电导率的影响

细胞质膜透性的变化是反映植物遭受伤害的一个敏感指标，相对电导率代表离子外渗程度即膜透性大小。研究表明，随着水浸液处理浓度的提高，相对电导率明显增加。与对照相对电导率 23.20% 相比，浓度为 0.4g/mL 的叶、枯落物和茎水浸液处理后的相对电导率分别提高 24.8%、53.7%、84.4%；浓度为 0.8g/mL 的叶、枯落物和茎水浸液处理后的相对电导率分别提高 30.3%、66.7%、74.0%；浓度为 1.6g/mL 的叶、枯落物和茎水浸液处理后的相对电导率分别提高 15.0%、33.4%、34.3%，均达到极显著差异性，见图 10-1b。同其他指标类似，根系水浸液处理对膜稳定性的影响不明显。

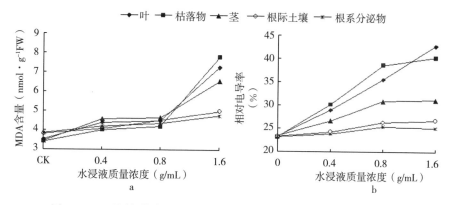

图 10-1　不同部位水浸液处理对菊花品种高压太子扦插苗根系 MDA 含量和相对电导率的影响

3　讨论与结论

根系作为植物吸收水分和养分的主要器官，也是最早感受外界胁迫的器官。在自然和人工生态系统中，自毒作用物质以各种途径被释放到土壤中，通过土壤或其他媒介作用于受体植物的根系。受体植物根系受到自毒物质的作用后亦会产生与其他胁迫类似的一系列生理反应，如 POD、SOD 和 CAT 酶保护系统的活性受到抑制，而这些酶系统参与植物体内的多种生理生化过程，如清除氧自由基、在不定根的发生和发展中起重要作用等。氧自由基的产生和清除系统的平衡受到破坏，自由基的产生占据主导地位，导致自由基含量不断提高；细胞对自由基最敏感的部位是细胞膜，使细胞膜的不饱和脂肪酸发生过氧化或脱脂化，逐级降解为小分子物质 MDA，使膜的孔隙变大，透性增加，离子大量渗漏。这也可能为自毒物质进入细胞提供更为便利的条件，加剧叶绿素的破坏，严重影响根系的营养吸收。外观表现为生根受到抑制，严重时导致严重损伤甚至死亡。膜系统的破坏被认为是自毒作用或化感作用的第一步。本研究表明，菊花的自毒可能是首先通过根系的膜脂过氧化作用影响细胞膜的透性，并影响膜脂的结构和功能的完整，从而对菊花产生毒害作用。在化感胁迫下，细胞膜受到伤害，电解质渗出率增加，相对电导率增大，反映细胞膜透性增大。细胞膜透性增加还意味着自毒物质更易于进入根组织，加剧自毒作用发生的程度。

第 11 章
菊花植株水浸液对生菜幼苗根系形态特征的化感作用[①]

　　植物化感作用是植物在进化过程中产生的一种对环境适应性机制。植物的化感作用广泛存在于农业生态系统，与植物对光、水分、养分和空间的竞争一起构成了植物间的相互作用（邵华等，2002，Singh et al.，2001；Chou，1999）。植物根系是活跃的吸收器官和合成器官，根的生长状况直接影响植物地上部的养分情况及产量水平；同时，植物根系对于外界环境条件反应非常敏感。在土壤非生物逆境胁迫条件下，植物最先感受逆境胁迫的器官是根系，植物感受这一逆境信号后作出相应的反馈，首先是在基因表达上进行时间和空间的调整等，而后是调整代谢途径和方向，改动碳同化产物的分配比例和方向，进而改变根系形态和分布，以适应环境胁迫，其中根系形态上的变化最为直观（刘莹等，2003）。已有学者研究表明，植物根系的功能受到化感作用的强烈影响（Bais et al.，2003；Chon et al.，2010，Hussain et al，2011，Nilsen et al.，1999）。

　　截至目前国内有关菊科的化感作用的研究比较多（Chon et al.，2010，Zhou et al.，2009；周凯，2004），但有关菊花对受体植物的化感作用研究文献不多，尤其是对受体植物根系形态特征的化感作用研究尚未见报道。越来越多的学者研究结果表明，化感作用和自毒作用是限制花卉产业可持续发展的瓶颈之一。研究菊科植物的化感作用对于田间杂草防治，改进栽培耕作

　　① 基金项目：新乡市重点科技攻关项目"菊花根系对自毒作用的生理生态响应研究"（ZG14026）。本章内容发表于生态环境学报，2018，27（4）：658-662. 作者：周凯，王智芳，丁利平，王亚磊.

制度，减少作物化感作用的负面影响等方面，在可持续农业以及环境保护领域具有重要作用及应用前景（田学军，等，2015；周凯，等，2004）。因此，本研究利用根系扫描仪及根系专业分析软件，探讨了菊花浸提液处理对受体植物生菜幼苗根系形态特征的化感作用，为揭示菊花化感作用机理提供理论基础，并为切花菊产业化可持续发展提供科技支撑。

1 材料与方法

1.1 试验材料

试验所用的菊花品种北京黄采自于河南省新乡市西水东村切花菊种植基地，该基地已连续 6 年生产切花菊。于冬季采取大田栽培的菊花枯落植株地上部分，取回实验室进行整理，去除枯根、杂物和泥土，摊放在实验室内晾干，保存备用。生菜种子采购于新乡本地蔬菜种子市场。

1.2 试验方法

1.2.1 菊花水浸液制备

选取菊花植株地上部分，剔除杂物后放置于室内晾干，剪成 2cm 小段，经粉碎机（FY130 药物粉碎机，天津市泰斯特仪器有限公司）充分粉碎，将粉碎后的菊花粉末于鼓风干燥箱（ZXFD‐B5430，上海智城分析仪器制造有限公司）中烘干。称取干燥的菊花粉末 500g 放入 5L 的去离子水中，常温下浸泡 48h，再经抽滤后得到质量浓度为 0.1mg DW·mL^{-1} 菊花水浸液母液，放入 4℃ 冰箱中备用。

1.2.2 水浸液处理

选取健康饱满均匀一致的生菜种子，用 0.2% NaClO 溶液进行种子表面消毒 10min，后用去离子水冲洗 3～4 次，然后再将生菜种子表面的水用滤纸吸干。选取直径为 9cm 的培养皿，每个培养皿上放两张 Whatman 定性滤纸，然后均匀放置 50 粒生菜种子，分别取 2、4、6、8mg DW·mL^{-1} 水浸液各 5mL 于培养皿内，等量去离子水为对照，每个质量浓度处理设置 3 个重复。每天补充 2mL 水浸液，置于室内自然光下培养 7d。

1.2.3　生菜幼苗根系扫描

处理结束之后取出生菜幼苗，用去离子水小心清洗，然后将生菜幼苗放入根系扫描仪（EPSON perfection 4990 PHOTO，爱普生（中国）有限公司）的根盘中，用根系扫描仪对生菜幼苗的根系进行扫描。扫描得到的图片经过处理后再经专业根系分析软件（WinRHIZO Pro 2007d 13March2007）分析，自动生成生菜根系总根长（Total Root Length）、总表面积（Total Surface Area）、总投影面积（Total Projection Area）、平均根系直径（Average Diameter）、总根体积（Total Root Volume）等参数值。

1.3　统计分析

数据采用DPSV7.55专业版软件进行单因素方差分析，采用SSR中的邓肯新复极差法进行不同处理间的显著性检验，a和A分别代表5%和1%显著水平。参照Williamson等（1988）的方法计算化感效应指数 RI（response index），计算公式为：

$$RI = 1 - C/T(T \geqslant C) \text{ 或 } RI = T/C - 1(T < C)$$

式中，C 为对照值，T 为处理值，$RI \geqslant 0$ 为促进作用，$RI < 0$ 为抑制作用，定义对照的 RI 值为0，其中 RI 绝对值的大小与化感作用强度一致。综合化感效应 SE（synthetical allelopathic effect）用受体植物幼苗根系各个测试指标 RI 的算术平均值进行评价（廖周瑜等，2007）。

2　结果与分析

2.1　总根长

结果表明，菊花水浸液显著甚至极显著地抑制了生菜幼苗根的生长。2mg DW·mL^{-1}及以上各质量浓度处理对生菜幼苗根的生长都具有明显的抑制作用且达到极显著水平（$P > 0.01$）（图11-1a）。处理7d后对照的根长平均长度3.39cm，均极显著高于各质量浓度水浸液处理，2、4mg DW·mL^{-1}水浸液与6、8mg DW·mL^{-1}处理间也有极显著差异。各质量浓度水浸液处理对生菜总根长的抑制率分别比对照减少了15.01%、16.95%、35.72%

和 37.80%。

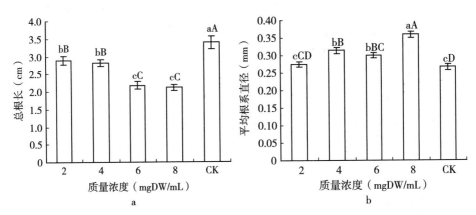

图 11-1　菊花水浸液处理对生菜幼苗总根长（a）和平均根系直径（b）的化感作用

2.2　平均根系直径

　　生菜幼苗根系平均直径受到了菊花水浸液处理的促进作用。4mg DW・mL^{-1} 及以上各质量浓度处理对生菜幼苗平均根系直径的促进作用达到极显著水平（$P<0.01$）（图 11-1b）。处理 7d 后对照的平均根系直径 0.27mm 均极显著低于各质量浓度水浸液处理，其中，平均根系直径随着水浸液处理质量浓度的增加也有增加的趋势，8mg DW・mL^{-1} 水浸液处理对平均根系直径的促进作用比 2mg DW・mL^{-1} 和 4mg DW・mL^{-1} 处理间存在极显著差异。各质量浓度水浸液处理对生菜平均根系直径的促进率分别为对照的 3.38%、18.14%、12.65% 和 34.85%。

2.3　总根体积

　　结果表明，菊花水浸液处理对生菜幼根的总根体积的影响无显著性差异（图 11-2a）。

2.4　总投影面积

　　结果表明，与对照相比，浸提液质量浓度低于 8mg DW・mL^{-1} 时，水浸提液处理对生菜幼苗根投影面积的生长几乎无影响，但是质量浓度达到

8mg DW·mL^{-1}时，对投影面积具有极显著的抑制作用，总投影面积比对照减少了 24.66%（图 11-2b）。

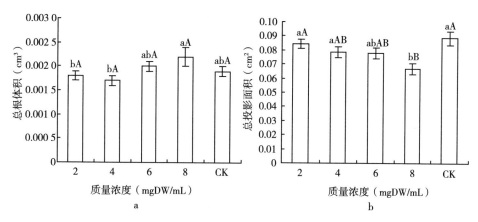

图 11-2　菊花水浸液处理对生菜幼苗总根体积（a）和
总投影面积（b）的化感作用

2.5　根尖数

结果表明，浸提液处理对生菜幼苗根尖数的影响不显著。与对照相比，各质量浓度处理对根尖数的影响没有明显差异（图 11-3a）。

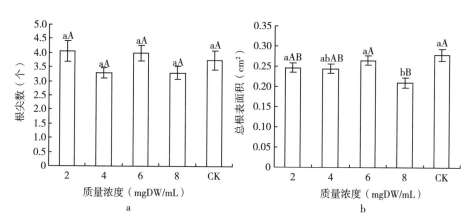

图 11-3　菊花水浸液处理对生菜幼苗总根尖数（a）和
总根表面积（b）的化感作用

2.6　总根表面积

浸提液质量浓度低于 8mg DW·mL^{-1} 时，生菜幼苗根的总根表面积与对照相比无显著性差异；质量浓度为 8mg DW·mL^{-1} 时，水浸液处理对总根表面积的抑制作用达到极显著水平，总根表面积比对照减少了 24.70%（图 11-3b）。

2.7　化感作用的综合效应

不同质量浓度水浸液处理对生菜幼苗根系形态特征的综合化感效应见表 11-1。结果表明，水浸液综合化感效应指数的顺序为 8mg DW·mL^{-1}＞4mg DW·mL^{-1}＞6mg DW·mL^{-1}＞2mg DW·mL^{-1}。不同根系形态特征指标中，总根长、平均根系直径、总投影面积、总根表面积、根尖数和总根体积的平均综合化感效应指数分别为 -0.264、-0.139、-0.134、-0.134、-0.094、-0.086。水浸液处理对平均根系直径和总根体积呈现一定的促进作用，并且这种促进作用还具有明显的浓度梯度效应。

表 11-1　菊花水浸液处理对生菜幼苗根系生长的综合化感效应指数

质量浓度 （mgDW·mL^{-1}）	总根长 （cm）	总投影面积 （cm^2）	总根表面积 （cm^2）	平均根系 直径（cm）	总根体积 （cm^3）	根尖数 （个）	SE
Control	0	0	0	0	0	0	0
2	-0.150	-0.050	-0.115	0.032	-0.053	0.073	-0.044
4	-0.169	-0.115	-0.124	0.154	-0.105	-0.122	-0.080
6	-0.357	-0.124	-0.049	0.112	0.050	-0.060	-0.051
8	-0.378	-0.247	-0.247	0.258	0.136	-0.122	-0.100

注：Control：对照；SE：综合化感效应指数；-表示抑制作用。

3　结论与讨论

3.1　小结

实验结果表明，菊花具有较强的化感潜力，菊花水浸法处理对生菜幼苗根系生长总体上呈现出化感抑制作用，其中，随着水浸液处理质量浓度的增加，化感抑制或者促进作用有增强的趋势。不同根系形态特征指标中，对总根长的化感抑制作用效果最明显，显著地抑制了生菜根系总根长的生长；水浸液处理对总根体积和根尖数的生长没有影响；水浸液质量浓度较低时对根总投影面积和总根表面积没有影响，但是在较高的情况下如达到 $8mg\ DW \cdot mL^{-1}$ 则有显著的抑制作用；水浸液处理对生菜平均根系直径的生长具有明显的化感促进作用，这与杨国庆等（2008）在紫茎泽兰对早稻幼苗根的化感促进作用类似。菊花水浸液处理对生菜综合化感效应呈现出随水浸液处理质量浓度增加而增强的趋势。

3.2 讨论

菊花水浸液中可能含有活性较强的化感物质，其化感作用潜势抑制了受体植物生菜幼根生长，随着处理质量浓度的增大，受体植物根系生长受抑制程度加重，根系形态特征发生了相应的变化。其中，有些根系形态特征如总根长对菊花的化感作用敏感，而另外一些指标如总根体积和根尖数则可能比较迟钝。由于植物的形态特征对各种逆境的反应比较直观，根系形态结构变化必然影响植物生理生态功能的改变（李芳兰等，2005），如吸水、吸肥能力降低，会进一步导致植株矮小、瘦弱，影响其对光、温、水和肥等各种资源的竞争，这些均会直接影响未来受体植物的生长发育。因此，对植物在化感物质作用环境下根系形态特征反应的研究将有助于揭示植物化感作用的生理机制。本研究只是通过室内实验初步探讨菊花浸提液对生菜幼苗根系生长的影响，菊花化感作用的有效成分、化感作用机理以及环境因素与化感作用之间的相互关系等还有待于进一步研究。

第12章
菊花水浸液处理对萝卜种子萌发及幼苗生长的化感作用研究①

  植物在生态系统中通过向环境中释放化学物质抑制或者促进其他有机体的生长发育，这一现象被称为化感作用，它是植物在生态演替过程中形成的竞争机制。目前，化感作用已成为国内外学者的研究热点，并在生物入侵、杂草控制、农林生产等方面取得不少成果，但在园林植物的化感作用研究尤其是在园林园艺植物的品种改良或产业化升级方面并不多见。在日常的园林景观植物的搭配上大多是"采用有什么用什么"，缺少科学研究依据。

  这种化感作用是植物的根茎叶等凋落物代谢后其中的化学物质进入到环境中对环境生态群落系统产生主动的或被动的、有利的或无利的现象，这种代谢产生的化学物质在研究上称为化感物质，生态环境中的植物在化学物质的作用下都会对生长产生一定程度的影响。

  植物的生命周期从生根发芽到破土而出再到枝繁叶茂最后根枯叶落，在这个周期内种子的萌发无疑是至关重要的一环，种子是否可以正常萌发关系到根系的生长、关系到植物对营养物质的摄取、关系到植株对外界物质的吸收。化感物质一旦进入到种子细胞，对种子细胞的重要结构产生破坏，从而对植物种子萌发产生一定的影响。在植物的生命周期中种子萌发是一个起到决定性的时期，当一定的化感物质进入植物种子细胞内时，它就会直接破坏细胞构成，从而导致根短、茎细、叶瘦，影响光合作用的进行，最后会直接

  ① 基金项目：新乡市重点科技攻关项目"菊花根系对自毒作用的生理生态响应研究"（ZG14026）。本章内容发表于河南科技学院学报（自然科学版）2023，51（6）：7-13. 作者：王智芳，任胜寒，周凯.

导致植物果实产量的变化。因此研究化感作用在一定程度上对植物生长、农业生产等方面有着非常深远的意义。

而菊花在我国是非常常见的观赏和药用植物。菊花是我国几千年文化长河的一部分，曾有许多文人墨客赞美菊花，在世间百花之中堪称翘楚，同时作为一种有着广泛用途的观赏园艺植物它在国际上需求巨大，在国内有着非常广泛的栽培种植。近年来，包括菊花在内的各种观赏花卉栽培面积和产量表现出稳步上升的趋势。在景观植物配置过程中难免会进行复合种植，而复合种植对土地利用显然会达到最大化，有助于提高土地利用率、起到保护生态环境的作用。

本研究以萝卜为受体植物，以新乡市本地主栽品种北京黄为研究对象探讨其水浸液处理对萝卜种子萌发及幼苗生长的影响，可揭示菊花和植物复合种植的化学本质，为解决园艺作物设施化栽培和产业转型升级提供科学的理论依据。

1　材料与方法

1.1　试验材料

实验材料来源于河南省新乡市西水东村切花栽培基地的菊花品种北京黄。新乡市地处黄河以北、背靠太行山，属于平原地带，地理坐标为东经 114°21′，北纬 335°12′。四季宜人，夏热冬寒，春秋凉爽，历年来年均气温 15℃ 左右。年均降水量为 602.5mm，年均无霜期为 203d。所以这里十分有利于菊花的生长，新乡已成为河南省豫北地区最大的菊花生产示范基地。在冬季菊花凋落期，在大田里采集菊花植株，去除杂草、泥土、杂质后带回实验室晾晒风干后保存备用。

供试受体植物萝卜为本次试验研究的模式植物。萝卜种子在 2～3℃ 便可萌发，生长最适宜的温度为 20～25℃。在气候宜人的新乡地区种植广泛，为常见的蔬菜之一。实验中所用的萝卜种子购买于本地蔬菜种子供应站，从中挑选符合试验要求的种子，在试验前将种子用去离子水清洗干净晾干备用。

1.2　试验方法

1.2.1　水浸液制备

试验于 2021 年 3 月在河南科技学院园艺园林学院景观生态学试验室进

行，研究方法参照周凯等和刘序等的试验设计。将风干的菊花植株剪成 3cm 左右的小段，经 40 目筛的 FY130 药物粉碎机充分粉碎，将充分粉碎后的菊花粉末放置于 ZXFD－B5430 鼓风干燥箱中，温度设置 50℃烘干 2h 至恒重。在 1 000mL 的去离子水中放置 100g 干燥的粉末，常温浸泡 48h，使用循环水流真空泵抽滤机得到质量浓度为 0.1g/mL 菊花水浸液母液，将质量浓度为 0.1g/mL 的菊花水浸液母液按照比例稀释为 2、4、6、8mg/mL，置于 4℃冰箱中备用。

1.2.2　水浸液处理

用 0.2% 的次氯酸钠溶液中对符合试验要求的萝卜种子表面进行消毒冲洗，消毒 10min，去离子水冲洗 4～5 次，表面剩余水分用定性滤纸吸干。选取 9♯培养皿（半径 4.5cm），清洗干净自然晾干后在每个培养皿上放两张 Whatman 定性滤纸，然后分别放入 30 粒萝卜种子，在每一组的培养皿中分别注射 5ml 的 2、4、6、8mg/mL 水浸液，以等量去离子水为对照，每个处理设置 3 个重复。每隔 24h 补充 2mL 水浸液弥补蒸发损失。放置于室内自然光下培养 7d，在此期间统计种子发芽数量，处理结束后对萝卜幼苗根系进行扫描分析。

1.2.3　根系扫描

处理结束之后，将萝卜根系剪切下来，用去离子水清洗，然后放置于根系扫描仪（EPSON perfection 4 990 PHOTO）的根盘中，在根盘中注入去离子水（以淹没萝卜幼苗根系为准），用配套遮光板遮挡根盘以外扫描区域，调整有效扫描区域后对萝卜幼苗的根系进行扫描。扫描得到的图片使用图像处理软件（Adobe Photoshop CC 2019）将图片中的所有杂质、气泡阴影进行清除，然后经过专业根系分析软件（WinRHIZO Pro 2007d13 March 2007）对根系形态特征参数进行分析，得到根系总根长、总根尖数、总根体积、总表面积、总投影面积、平均根系直径等参数值。

1.3　萝卜种子萌发及幼苗生长的化感效应

参照刘红云等的方法测定菊花水浸液对萝卜幼苗生长的化感作用效应指数（RI）的计算方法，菊花水浸液对萝卜幼苗的化感效应指数绝对值的大小反映了菊花水浸液化感作用强度的大小。

参照董芳瑾等的方法对菊花水浸液对萝卜种子萌发的化感效应指数（RI）进行评价。$RI>0$ 表示促进，$RI<0$ 则表示抑制。

综合化感效应敏感指数 SE（synthetical allelopathic effect）在不同浓度的菊花水浸液对受体植物萝卜种子萌发的发芽率、发芽指数、化感效应指数 RI 进行评价，对受体植物萝卜幼苗根系的总根长、总根尖数、总根体积、总表面积、总投影面积、平均根系直径的化感效应指数 RI 的算术平均值进行综合评价。

1.4　数据统计与分析

采用 DPSV9.01 专业版分析软件进行方差分析，采用 Duncan（邓肯法）新复极差法进行不同处理间的差异显著性检验，其中小写字母和大写字母分别代表 5% 和 1% 检验水平下的差异显著性。使用 Excel 2019 进行制图。

2　结果与分析

2.1　根系总根长

四个不同浓度的菊花水浸液都对萝卜幼苗根系的生长起到了显著的化感抑制作用，且达到了小于 1% 的极显著水平（图 12 - 1a）。在菊花水浸液处理 7d 后，所得到的结果为：对照组总根长的平均值为 315.86mm，菊花水浸液的总根长的平均值分别为 213.86mm、173.86mm、101.86mm、31.86mm。结果表明菊花水浸液浓度处理均低于对照组，表现出了极显著差异性。菊花水浸液处理的总根长从平均值来看，相对于对照组分别减少了 32.29%、44.96%、67.75%、89.91%。由数据可知质量浓度 8mg/mL 菊花水浸液几乎完全抑制了萝卜幼苗根系的生长。

2.2　总根尖数

菊花水浸液处理对萝卜幼苗根系的根尖数没有显著影响（图 12 - 1b）。与对照组相比，菊花水浸液处理对萝卜幼苗根系的根尖数无明显差异性。

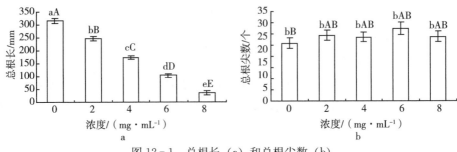

图 12-1　总根长（a）和总根尖数（b）

注：不同大小写英文字母分别表示不同菊花水浸液浓度处理之间存在显著性差异（小于 5%）和极显著性差异（小于 1%），下列图表相同。

2.3　总根体积

菊花水浸液处理对萝卜幼苗根系的总根体积没有显著影响（图 12-2a）。与对照组相比，菊花水浸液浓度对萝卜幼苗根系的总根体积无明显差异性。

2.4　总根表面积

当菊花水浸液的质量浓度为 2、4、6mg/mL 时，萝卜幼苗根系的总根表面积与对照组相比无显著性差异；质量浓度为 8mg/mL 时与对照组相比存在显著性差异；菊花水浸液对萝卜幼苗根系的总根表面积呈现抑制作用（图 12-2b）。

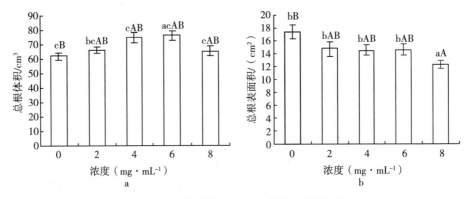

图 12-2　总根体积（a）和总根表面积（b）

2.5　根系总投影面积

当菊花水浸液的质量浓度为 2、4、6mg/mL 时，萝卜幼苗根系的总投影面积与对照组相比无显著性差异；但质量浓度为 8mg/mL 对萝卜幼苗根系总投影面积的抑制作用达到极显著水平，且比对照组减少了 29.36%（图 12‐3a）。

2.6　平均根系直径

菊花水浸液对萝卜幼苗根系的平均根系直径具有一定的促进作用（图 12‐3b）。当质量浓度达到 4、6、8mg/mL 时对平均根系直径达到了一定的促进作用。通过试验数据分析可知，随着菊花水浸液质量浓度的不断增加，萝卜幼苗根系的平均根系直径也随之呈现梯度递增现象，2mg/mL 质量浓度与 4、6、8mg/mL 质量浓度对平均根系直径的促进作用存在极显著性差异。

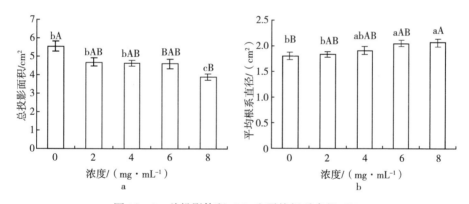

图 12‐3　总投影体积（a）和平均根系直径（b）

2.7　种子萌发

菊花水浸液对萝卜种子萌发的化感作用表现出差异，对发芽率（GR）、发芽指数（GI）和化感效应指数（RI）均有抑制作用（表 12‐1）。试验结果表明，对照组的发芽率为 82.7%，并且随水浸液浓度的提高抑制作用增强。萝卜种子萌发的发芽率相对于对照组分别减少了 1.92%、3.26%、

4.61％、5.95％，其中每相邻两质量浓度间无太大差异。2、4mg/mL 质量浓度化感效应指数 RI 分别为：－0.013 5、－0.027 0，6、8mg/mL 质量浓度化感效应指数 RI 分别为：－0.040 5、－0.054 0，与对照相比四个浓度的化感效应指数 RI 均小于 0，2mg/mL 及以上的菊花水浸液浓度处理都对萝卜种子的萌发具有化感抑制作用，其中 2、4mg/mL 浓度与 6、8mg/mL 浓度之间具有极显著差异性。

2.8　综合化感效应

表 12－1、表 12－2 通过化感效应指数（RI）可以判断化感作用强度，RI 为正值时表示促进作用，RI 为负值时表示抑制作用。

菊花水浸液处理对萝卜种子萌发的发芽率和发芽指数的化感效应指数（RI）均为负值，表明发芽率和发芽指数为抑制作用，随着菊花水浸液质量浓度的增加，对发芽率（GR）、发芽指数（GI）的抑制作用也随之增加；低浓度 2、4mg/mL 与高浓度 6、8mg/mL 菊花水浸液对发芽率的抑制作用存在明显的差异（表 12－1）。

表 12－1　菊花水浸液处理对萝卜种子萌发的化感作用

质量浓度（mg·mL⁻¹）	发芽率（％）	发芽指数	化感效应指数（RI）
0	82.7	10.714 3	0
2	81.11	10.428 5	－0.013 5
4	80	10.285 7	－0.027 0
6	78.89	10.142 9	－0.040 5
8	77.78	10	－0.054 0

注：0：去离子水处理对照；RI：化感效应指数；－：化感抑制作用；＋：化感促进作用。

由综合化感效应指数可以看出，在 2mg/mL 低浓度时综合化感效应指数 RI 为正值，存在促进作用，而在 4、6、8mg/mL 三组较高浓度时综合化感效应指数 RI 均为负值，存在抑制作用；而总根长则全部为抑制作用；平均根系直径、总投影面积、总根尖数在低浓度存在促进作用，在高浓度和较高浓度时存在抑制作用；总根表面积全部表现为促进作用，试验结果表明不同浓度的菊花水浸液对萝卜幼苗的生长具有显著的影响（表 12－2）。

表 12 - 2　菊花水浸液处理对萝卜幼苗根系生长的综合化感效应指数

质量浓度 （mg·mL^{-1}）	总根长 （cm）	总投影面积 （cm^2）	总根表面积 （cm^2）	平均根系直径 （cm）	总根体积 （cm^3）	根尖数	综合化感 效应指数 （SE）
0	0	0	0	0	0	0	0
2	−0.84	0.281	0.28	0.159	0.111	0.196	0.187
4	−0.636	−0.357	0.355	−0.109	0.244	0.273	−0.230
6	−0.434	−0.485	0.483	−0.173	−0.223	0.433	−0.399
8	−0.232	−0.267	0.266	−0.136	0.098	−0.311	−0.582

注：0：去离子水处理对照；SE：综合化感效应指数；－：化感抑制作用；＋：化感促进作用。

3　讨论

　　植物中的化感物质是由经由水分带入环境中的，因此为了更加客观科学地说明化感现象，本研究以菊花水浸液处理萝卜种子模拟了菊花植株在大自然中受水分的作用后化感物质进入环境的全过程。

　　植物化感作用的影响主要体现在对受体植物种子萌发和幼苗生长等方面，很多研究都已经表明这一结果。本试验研究结果表明不同浓度的菊花水浸液均会对萝卜种子的萌发产生抑制或促进的化感作用。菊花水浸液处理对萝卜种子萌发的发芽率和发芽指数均表现为化感抑制作用，从其化感效应指数 RI 的分析结果可以得知，低浓度（2、4mg/mL）与高浓度（6、8mg/mL）之间的抑制作用呈直线上升趋势，具有极显著差异，也说明了菊花水浸液的质量浓度越大，对萝卜种子的发芽率和发芽指数的抑制作用越强烈。

　　结果也表明了菊花水浸液抑制了萝卜幼苗根系的生长，随着各个菊花水浸液质量浓度的增加，萝卜幼苗的总根长、总投影面积受到的抑制作用效果越强。其中萝卜幼苗根系的总根长在 6、8mg/mL 质量浓度时的抑制作用极其明显，与去离子水处理的对照组相比分别达到了 63.6％、84％。但处理后的萝卜幼苗根系的平均直径存在先促进后抑制的化感作用现象，说明了萝卜幼苗在生长过程中的平均根系直径的增加是根系主动适应环境胁迫，但是随着菊花水浸液质量浓度的增加这种现象随之消失，进而产生了抑制作用。

而菊花水浸液处理对萝卜幼苗根系的总根表面积、总根体积、总根尖数三个测定参数均有不同程度的促进作用。综合化感效应指数也说明了萝卜幼苗根系的生长是随着菊花水浸液浓度的加大而表现出先上升后下降的趋势，在 2mg/mL 时促进作用达到顶峰 23.3%，随之开始下降，在 4～6mg/mL 的质量浓度区间下降趋势平缓，在 6～8mg/mL 质量浓度区间下降趋势迅猛，在 8mg/mL 时达到最大值，显著高于对照 56.8%。

本试验通过菊花水浸液对萝卜幼苗根系的化感抑制作用来模拟根系外界的环境胁迫，当植物根系受到环境抑制时尤其是根长、根投影面积受到抑制时，植物根系的水分、无机盐等必要的营养物质就无法及时供应，从而导致植物的地上部分形状矮小、枝茎叶瘦弱。植物化感作用强度随着化感物质质量浓度的改变而改变。此结果与 Wang J 与 Becerra J 等学者的研究相似。

4 结论

结果表明：质量浓度 2、4、6、8mg/mL 菊花水浸液抑制了萝卜种子的萌发。与对照相比，发芽率和发芽指数呈现出随浓度梯度下降的趋势。菊花水浸液处理极显著抑制了总根长的生长，与对照相比分别减少了 32.29%、44.96%、67.75%、89.91%。总投影面积在整体上也呈现抑制作用，其中 8mg/mL 质量浓度与对照减少了 29.36%，达到极显著水平。平均根系直径、总投影面积、总根尖数的化感作用呈现低浓度促进高浓度抑制的现象。总根表面积和总根体积与对照相比没有显著性差异。

因此，在使用菊花作为园林绿化或园艺观赏植物或改良菊花品种时应充分考虑菊花的化感效应，根据菊花对不同植物间不同的化感作用去选择植物搭配，从而减少菊花对其他植物生长的影响。合理地利用植物群落之间的化感作用使植物体更好地生存生长，对于保护生态环境，改良培育新品种，实现农业可持续发展具有重要意义。

第13章
加拿大一枝黄花根系和根际土壤 水浸液对萝卜和白菜种子萌发及 幼苗生长的影响①

　　高等植物的化感作用是植物通过向体外环境释放出化学物质，对其邻近植物产生直接或间接的有害或有利的作用。作为生态学的一个分支学科，自20世纪70年代以来，化感作用的研究，特别是在杂草控制和农业可持续发展上的应用研究，已越来越成为国内外许多学者关注的研究课题，并已成为农业生态学和化学生态学最活跃的研究领域之一。

　　加拿大一枝黄花（*Solidago canadensis* L.）为菊科一枝黄花属的多年生草本植物，原产于北美洲，具有极强的根茎横向扩展繁殖能力以及快速占领空间的能力，作为一种恶性杂草多分布于路边、荒地及垃圾填埋场等。在农田弃耕地里往往成为优势种，极易形成单一的群落蔓延成片，与其他物种竞争养分、水分和空间，对农业生态系统造成了较大的危害。调查显示，上海、杭州一带郊区农田弃耕地的加拿大一枝黄花有蔓延成灾的趋势，已引起广泛的关注。加拿大一枝黄花也是一种很重要的观赏植物，作为切花的配材深受消费者的喜爱，市场需求量逐年增加，从而带动了花农栽种的积极性。国内对自然和人工生态系统中的加拿大一枝黄花化感作用的研究尚未见报道。本研究对加拿大一枝黄花的化感作用进行了初步研究，以揭示其对我国农业生态系统的为害机制，并为解决园艺生产上的轮作、连作提供理论依据。

---

　　①　本章内容发表于西北植物学报，2005，25（1）：174－178. 作者：周凯，郭维明。

1 材料与方法

1.1 供试材料

供试材料：白菜、萝卜种子由南京农业大学蔬菜研究所提供。加拿大一枝黄花采自南京农业大学园艺学院仓波门花卉实验基地，采摘时间为盛花期前后。

1.2 研究方法

1.2.1 水浸液的制备

根系水浸液的制备。参考王大力等的方法，下同。将采来的植株根系用水轻轻冲净表面后晾干，按 1g 鲜重材料 10mL 去离子水的比例于室温下浸泡 24h 并过滤。将根系水浸液经过 55℃ 旋转蒸发浓缩仪减压浓缩，最后定容配制成 0.1g/mL、0.2g/mL 和 0.4g/mL 的水浸液，放入 4℃ 的冰箱中备用。

根际土壤水浸液的制备。取风干的根际土壤，研磨后过 18 目筛，取 400g 根际土壤装 1 000mL 的烧杯中，加去离子水 500mL，充分振荡后静置过夜，离心（1 811×g，24℃，10min），取上清液过滤，将滤液经过 55℃ 旋转蒸发浓缩仪减压浓缩，最后定容配制成 0.8g/mL、1.6g/mL 和 3.2g/mL 的水浸液，放入 4℃ 冰箱中备用。

1.2.2 水浸液对种子萌发影响的生物检测

分别取上述浓度的根系和根际土壤水浸液 10mL，加入铺有 2 层滤纸的培养皿，种子用 0.1% 的升汞灭菌 3min，每皿摆放 30 粒种子，3 次重复，对照只加 10mL 去离子水，置于恒温光照培养箱中在黑暗条件下培养［平均温度（28±1)℃］。种子萌发以胚根突破种皮为标准，每天记录萌发种子数，并等量补充少量水浸液；总萌发时间为 72h。参考顾增辉的方法计算种子发芽指数。

$$发芽指数 = \sum G_i/I(\% \cdot d)$$

式中，G_i 指培养第 i 天的发芽量（%）；MI 指培养时间（d）。

1.2.3 水浸液对植物幼苗初期生长影响的生物检测

为了消除渗透压对植物幼苗生长的影响，将根系水浸液和根际土壤水浸液稀释 4 倍，分别为 0.025g/mL、0.05g/mL、0.1g/mL、0.2g/mL、0.4g/mL 和 0.8g/mL，加入铺有 2 张滤纸的柱形玻璃瓶中（5.5cm×9.5cm），选取萌发一致的种子置于滤纸之上，以去离子水为对照，定时补充水浸液。每种植物 10 株，重复 3 次，5d 后记录幼苗的苗长和根长。

1.3 酶活性的测定

根系脱氢酶（RD）活性的测定采用 TTC 法。硝酸还原酶（NR）的测定采用 A-萘胺法。

1.4 数据统计

所得数据计算平均值，并进行新复极差测验（SSR 测验），＊和＊＊分别代表在 5％和 1％水平上的差异显著性。

2 结果与分析

2.1 水浸液对种子萌发的影响

从表 13-1 知，较低浓度的根系水浸液处理对白菜、萝卜种子萌发的影响不大，萝卜在 0.1g/mL 和 0.2g/mL 处理比对照还略有促进，但差异并不显著。随着根系水浸液浓度的升高，对白菜、萝卜种子萌发表现出抑制的趋势。0.4g/mL 的根系水浸液对白菜种子发芽指数较对照下降 20.7％，最终萌发率较对照下降了 10.5％，达到显著水平。0.4g/mL 的根系水浸液使萝卜的发芽指数下降 13.4％，最终萌发率比对照减少了 9.2％，也达到显著水平。

较低浓度的根际土壤水浸液处理对白菜、萝卜种子萌发的发芽指数和萌发率的抑制或促进与对照的差异均不显著，高浓度处理对白菜和萝卜发芽指数和最终萌发率的抑制均达到显著水平。3.2g/mL 的根际土壤水浸液处理白菜发芽指数比对照下降了 25.0％，最终萌发率分别比对照减少了 7.5％。萝卜的发芽指数比对照下降了 59.5％，最终萌发率分别比对照减少了 19.1％，差异极为显著。

表 13-1　加拿大一枝黄花根系水浸液、根际土壤水浸液对白菜和萝卜种子萌发的影响

受体植物	根系水浸液			根际土壤水浸液		
	浓度 g·mL^{-1}	发芽指数 (%·d^{-1})	萌发率 (%)	浓度 g·mL^{-1}	发芽指数 (%·d^{-1})	萌发率 (%)
白菜	CK	37.2	78.2	CK	33.2	73.3
	0.1	36.4	75.6	0.8	30.7	72.2
	0.2	36.0	64.4**	1.6	31.8	73.3
	0.4	29.5*	70.0*	3.2	24.9*	67.8*
萝卜	CK	70.0	83.3	CK	68.7	81.1
	0.1	72.4	87.8	0.8	61.3	72.2
	0.2	73.7	86.7	1.6	64.2	85.6
	0.4	60.6*	75.6*	3.2	27.8**	65.6**

注：总萌发时间：72h；CK：对照；*、** 分别表示 5%、1% 水平上的差异显著性，下同。

2.2　水浸液对白菜、萝卜幼苗初期生长的影响

0.05g/mL 根系水浸液处理对萝卜根系伸长的促进达极显著水平，这是需要进一步研究的问题。其他处理对白菜、萝卜幼苗伸长生长及根系伸长的促进或抑制与对照的差异并不显著。随着浓度的增加，根际土壤水浸液对白菜和萝卜幼苗呈促进伸长生长的趋势，并且在 0.8g/mL 时均达到了极显著水平，对根长的影响总体上表现为抑制生长的趋势，并且也在 0.8g/mL 时达到极显著水平（表 13-2）。同时，根系在外观上呈现出褐化、扭曲等畸形现象，与王大力、王璞在实验中所观察到的一致。

表 13-2　加拿大一枝黄花根系水浸液、根际土壤水浸液对白菜、萝卜幼苗初期生长的影响

受体植物	根系水浸液			根际土壤水浸液		
	浓度 (g·mL^{-1})	苗长 (cm)	根长 (cm)	浓度 (g·mL^{-1})	苗长 (cm)	根长 (cm)
白菜	CK	1.70	3.70	CK	1.04	4.52
	0.1	1.56	3.20	0.8	1.08	2.98*
	0.2	1.84	4.61	1.6	1.43*	3.33*
	0.4	2.10	3.39	3.2	1.99**	1.52**

（续）

受体植物	根系水浸液			根际土壤水浸液		
	浓度 （g·mL^{-1}）	苗长 （cm）	根长 （cm）	浓度 （g·mL^{-1}）	苗长 （cm）	根长 （cm）
萝卜	CK	2.38	4.75	CK	1.07	6.15
	0.1	1.88	4.34	0.8	1.08	5.03
	0.2	2.25	6.09*	1.6	1.43**	4.25*
	0.4	2.59	4.81	3.2	1.95**	3.90**

2.3　根系脱氢酶活性

植物根系脱氢酶活性是植物生长的重要生理指标之一，其活力水平直接影响地上部的营养状况。幼苗根系脱氢酶活性的测定结果见表 13-3。根系水浸液对白菜和萝卜幼苗根系脱氢酶活性呈现出抑制的趋势，0.1g/mL 浓度的处理极显著地抑制了白菜幼苗根系脱氢酶活性，比对照下降了 36.3%。萝卜幼苗的根系脱氢酶活性下降了 19.6%，差异达显著水平。较低浓度的根系水浸液处理对发芽指数和萌发率的抑制或促进与对照的差异不显著。

表 13-3　不同水浸液处理对白菜、萝卜幼苗根系脱氢酶和硝酸还原酶活性的影响

	浓度 （g·mL^{-1}）	根系脱氢酶活性 （μg TTC/g FW·h）		硝酸还原酶活性 （μg NO$_2^{-1}$/gFW·h）	
		白菜	萝卜	白菜	萝卜
根系水浸液	CK	12.31	13.22	25.32	33.64
	0.1	12.82	12.81	24.10	31.87
	0.2	11.47	11.37	19.35*	26.25*
	0.4	7.84**	10.63*	20.21*	22.93**
根际土壤 水浸液	CK	14.38	14.62	16.23	22.90
	0.1	14.58	20.34*	14.56	32.40**
	0.2	11.26*	14.66	11.12*	17.27*
	0.4	10.30*	12.22*	11.31*	16.24*

根际土壤水浸液对白菜根系脱氢酶活性表现出明显的抑制作用。与对照的 14.38μg TTC/g FW·h 相比，0.8g/mL 处理显著抑制了白菜幼苗根系脱

氢酶活性，对萝卜也呈现出类似的趋势，同样显著抑制了根系脱氢酶的活性，但是 0.2g/mL 处理却显著促进了萝卜的根系脱氢酶活性。

2.4　硝酸还原酶活性

硝酸还原酶是植株对 NO^{-3} 态 N 吸收同化的一项重要生化指标，是植物氮素代谢作用中的关键性酶，它催化 NO^{-3} 到 NO^{-2} 的还原反应，其活性大小反映植物对环境中 NO^{-3} 的吸收利用状况。表 14-3 表明，根系水浸液和根际土壤水浸液对白菜幼苗硝酸还原酶活性呈现出抑制的趋势。随着浓度的增加，差异渐趋显著。其中，根际土壤水浸液对硝酸还原酶活性的抑制趋势非常明显。水浸液低浓度时无抑制，甚至刺激根系脱氢酶与硝酸还原酶的活性，而在高浓度时抑制其活性，这和刘秀芬、Reigosa 的结论类似。

3　讨论

本研究表明，加拿大一枝黄花根系和根际土壤水浸液抑制了受体植物白菜和萝卜的种子萌发。但根系水浸液对受试幼苗伸长生长的影响不显著，这可能和所设定的浓度偏低，或在离体条件下加拿大一枝黄花根系的生理活动有所减弱，导致分泌物减少有关。根际土壤水浸液显著地促进了白菜和萝卜幼苗的伸长，但对根系的伸长生长表现为抑制作用，表明高浓度水浸液抑制根系脱氢酶与硝酸还原酶的活性。这可能是植物对水浸液胁迫而产生的一种反应，地上部分非常态生长，以补偿地下部根系所受到的抑制，当然还需要进一步的证实。

第14章

菊花自毒作用的研究

（Autotoxic Effects of Chrysanthemum）[①]

1 Introduction

The problems of growing the same crop in succeeding years because of poor establishment and stunted growth has lead to investigations of possible causes, including allelopathy. Allelopathy is defined as the direct or indirect harmful or beneficial effects of one plant on another through the production of chemical compounds that escape into the environment (28). Autotoxicity is an intraspecific form of allelopathy that occurs when a plant species releases chemical substances that inhibit or delay germination and growth of the same plant species (27). A plant species inhibits the growth of its own kind through the release of toxic chemicals into the environment causing the soil to be unproductive or infertile, which has been reported to occur in both managed and natural ecosystems. As one of continuous cropping obstacle factors in agricultural systems, autotoxic effect affects the economical outcome of the plant production, and has been attached importance to some plant species (25, 35).

Chrysanthemum is known to Chinese some 1 000 years before the birth

① 本章发表于 Allelopathy Journal。作者：KAI ZHOU, XIUMEI ZHOU, LIFENG YANG, FENGGE HAO, ZHIFANG WANG and WEIMING GUO. 2009, 24 (1): 91 - 102.

of Christ (7). It is an important multipurpose crop with ornamental, medical and industrial applications, which has resulted in an increased interest for protected cultivation and specialized production in China. As well as other plants belonging to Compositae family, allelopathic potential of chrysanthemum is particularly paid attention to in natural and agricultural ecosystem and has been well investigated (3, 4, 15, 16, 18, 39). Under the scale diversity, specialized and installation production conditions, the chrysanthemum cultivars have poor establishment and less productivity when seedlings are replanted to the same land in consecutive years (18), which is one of the main problems puzzled on the growth of chrysanthemum (29). However, autotoxic effect of chrysanthemum has not yet been investigated. In this study, laboratory and greenhouse experiments were conducted to capture the possible autotoxic effect of different parts from field grown chrysanthemum on seed germination and seedling growth of the same plant species. Different parts of chrysanthemum, including roots, stems and leaves as well litter, root exudates and rhizospheric soil were extracted with distilled water, respectively, and bioassayed to detect any possible autotoxic activities. Nitrate reductase (NR; EC 1.6.6.1) is a key enzyme involved in nitrate assimilation in crops. Isocitrate dehydrogenase (IDH; EC 1.1.1.42) is an important enzyme which participates in the citric acid cycle. The measurements of NADH - nitrate reductase and isocitrate dehydrogenase activities can be used as indices of the biological activity and natural biochemical processes in plant. Malonylodialdehyde (MDA) is the products of lipoxygenase; its levels were measured as a marker of oxidative stress. Therefore, MDA in leaves was also determined in this study to evaluate the possible autotoxic stress against seedling growth of the same plant species.

2　Materials and methods

2. 1　Plant materials

Fresh leaves, stems, roots, litter and rhizospheric soil from field grown chrysanthemum cultivar 'Gaoyataizi' were collected from the Youbang Chrysanthemum Limited Corporation in Nanjing, China in November and December, respectively. Chrysanthemum 'Gaoyataizi' seeds were obtained during last year by removing entire inflorescences that had begun to senesce, and stored in dark at 4℃ until used in the experiments.

2. 2　Extraction procedure

Parts of plants were rinsed and air – dried, separated into stems, fresh leaves and root, then cut into small pieces, which were soaked in deionized water by 1∶10 (w/v) at room temperature for 24 hours in a shaker. Extracts were filtered to remove the fiber debris, rotary evaporated and condensed at 51℃ under reduced pressure of 0.095 atm (ZFQ – 85A, Shanghai Medical Instruments Co., Ltd, China). Air – dried, grinded and sieved (2mm mesh) rhizospheric soil were soaked in deionized water by 8∶10 (w/v) at room temperature for 24 hours in a shaker, the extracts were centrifuged at 1 811×g for 10min, then filtered, rotary evaporated and condensed under reduced pressure of 0.095 atm at 51℃. Air – dried and smashed litter was treated as described above but soaked for 72 hours. The extracts were stored in a refrigerator at 4℃ until further use.

2. 3　Root exudates

The rooting of cutting seedlings (10cm in length) of chrysanthemum 'Gaoyataizi' were carried out in a greenhouse at Nanjing Agricultural University campus, China in March, with silver sand as the medium for rooting. Daily photoperiod in the greenhouse was 12 hours with maximum temperature of 25℃, while the minimum temperature at night was adjusted to 15℃. After 15 days, cutting seedlings that had rooted were transferred into half-strength Hoagland nutrient solution which was replaced once every 3 days and aerated continuously. After 120 days, chrysanthemum was blotted and weighed, then incubated in half-strength Hoagland solution replaced once every 3 days by 1:10 (w/v) at 25℃. Remnant solutions were collected and condensed as the same as described above.

2.4　Seed germination

Bioassay method was designed according to Leather & Einhellig (22). Prior to germination, seeds were surface sterilized with 0.1% (w/v) mercuric chloride, for 1 minute. The 50 sterilized seeds were evenly placed for germination on filter paper containing 5 ml of different concentrations of aquatic extract (4:10, 8:10 and 16:10, w/v) or deionized water as control in 9-cm diameter Petri dish. Dishes were covered and placed flat in a growth chamber, in 25℃ temperature for 24 hours in a dark room. During seed germination, the losses of original extracts or deionized water by evaporation were compensated. Numbers of seeds germinated were registered daily until 8 day. The seed that radicle has broken seed coat was calculated as germinated one. Obtained results allowed calculating germination index and germination rate.

2.5　Seedling growth

The seeds that had surface sterilized were germinated in sand before being treated. 10 uniform seeds each were placed on filter paper containing 5 ml of aquatic extract (0.1, 0.2 and 0.4, w/v) or deionized water as control in glass pots (5.5 cm in diameter and 9.5 cm in tall), sealed with polyethylene membrane, with a temperature of 25℃ during the 14 hours light period and 22℃ during the 10 hours dark period. After 11-day growing the height, fresh weight of shoot and root length of seedlings were measured. All treatments consisted of at least three replications under identical conditions.

The data of germination index, germination rate, shoot and root length in early seedlings was transferred into response index (RI) described by Williamson and Richardson (32), respectively, which could be expressed as:

$$RI = 1-C/T \quad \text{if } T \geqslant C \quad \text{or} \quad RI = T/C-1 \quad \text{if } T < C$$

Where, C is the control data, T is the treatment data. $RI \geqslant 0$ or $RI < 0$ indicates stimulation or inhibition over control, respectively. The absolute value of RI represents the autotoxic intensity of aquatic extracts.

2.6　Activity of NR, IDH and MDA concentration evaluation

NR activities in leaves of chrysanthemum were assayedas described in (2). The reaction medium contained 100μmol potassium phosphate buffer (pH 7.5), 20μmol KNO_3, 0.3μmol NADH and an appropriate amount of crude extract (*in vitro* assay). The reaction was initiated by adding NADH. The amount of nitrite formed was determined after 30 min at 30 ℃. The NO_2^{-1} formed was determined by spectrophotometry at 485nm as described in (37).

IDH was determined by colorimetric method described in (26). Triplicates of 1g fresh root samples of chrysanthemum were mixed with 10 ml reaction set containing: 50μmol potassium phosphate buffer (pH 7.5), 4μmol D, L - isocitrate, substrate 0.4% 2, 3, 5 - triphenyltetrazolium chloride (TTC) (w/v). In control sample instead of the substrate an appropriate amount of potassium phosphate buffer was added. These samples were incubated at 30℃ for 4h in dark, as trizolium dyes are light sensitive. After incubation triphenyl formazan (TPF) was formed, it was extracted with 25ml ethyl acetate and measured spectrophotometrically at 485nm. Concentrations of TPF in the filtrate were determined from calibration standards.

The MDA content was determined by the 2 - thiobarbituric acid (TBA) reaction with minor modification of the method described in (8). A 0.50g crushed sample of chrysanthemum was homogenized in 5ml trichloroacetic acid (TCA) (5%, w/v). The homogenate was centrifuged at 1 811×g for 10min. To 2ml aliquot of the supernatant was added 2ml 0.67% (w/v) TBA. The mixture was heated at 100℃ for 30min and then centrifuged at 1 811×g for 10min after cooled off. The absorbance of aliquot of the supernatant at 450nm, 532nm and 600nm were read spectrophotometrically respectively. The concentration of MDA was calculated using the extinction coefficient of 155mM^{-1} cm^{-1}. As described in Li et al. (23), formulary could be expressed as:

$$C = 6.45(A_{532} - A_{600}) - 0.56A_{450}$$

Where C is concentration of MDA, A is absorbance of aliquot of the supernatant. All products in this study were of analytic grade. Data of physiological indices obtained from this study were subjected to One Way ANOVA analysis using SPSS 11.5software package for Windows (SPSS Inc. USA).

3 Results

3.1 Autotoxic effects of aquatic extracts on seed germination

Two results could be observed from Table 1 (i) the inhibitory effects of aquatic extracts from different parts increased with increasing concentration of aquatic extracts under laboratory conditions, and (ii) extracts from above - ground parts of chrysanthemum was the clearly inhibitory on the growth of seed germination of the same plant species. Compared to control, significant differences were especially observed in litter, leaf extracts and stem extract treatment. However, underground parts had weak inhibit or stimulate effect on seed germination at a lower concentration. Autotoxic effects of aquatic extracts from different parts on seed germination had the following order by RI at 16: 10 (w/v): leaf (0.379) > litter (0.371) > stem (0.265) > root (0.125) > root exudate (0.113) > rhizospheric soil (0.088), which was suggested autotoxic effects of aquatic extracts mainly depended on above - ground parts of chrysanthemum.

Data from laboratory bioassay indicated that aquatic extract from different parts of chrysanthemum revealed significant autotoxic effects on seed germination of the same plant species (Table 14 − 1).

Table 14 − 1　Autotoxic effects of aquatic extracts on seed germination of chrysanthemum

Treatments	Concentrations (w/v)	*Germination index RI*	Germination rate *RI*	Average of *RI*
Litter	Control	0. 000aA	0. 000aA	0. 000
	4∶10	−0. 182bB	−0. 174bB	−0. 178
	8∶10	−0. 273cC	−0. 248cC	−0. 261
	16∶10	−0. 428dD	−0. 313dD	−0. 371
Leaf	Control	0. 000aA	0. 000aA	0. 000
	4∶10	−0. 162bB	−0. 041aA	−0. 101
	8∶10	−0. 218cC	−0. 246bB	−0. 232
	16∶10	−0. 393dD	−0. 364cC	−0. 379
Stem	Control	0. 000aA	0. 000aA	0. 000
	4∶10	+0. 084bA	+0. 050bA	+0. 067
	8∶10	−0. 208cB	−0. 153cAB	−0. 181
	16∶10	−0. 325dC	−0. 204dB	−0. 265
Rhizospheric soil	Control	0. 000aA	0. 000aA	0. 000
	4∶10	−0. 050abA	−0. 026abA	−0. 038
	8∶10	−0. 064abA	−0. 058bA	−0. 056
	16∶10	−0. 070bA	−0. 105bA	−0. 088
Root	Control	0. 000aA	0. 000aA	0. 000
	4∶10	+0. 105bBC	+0. 057bA	+0. 081
	8∶10	−0. 092bB	−0. 055aA	−0. 074
	16∶10	−0. 141cC	−0. 110bA	−0. 125
Root exudates	Control	0. 000aA	0. 000aA	0. 000
	4∶10	+0. 044aA	+0. 025aA	+0. 035
	8∶10	−0. 106bAB	−0. 090abA	−0. 098
	16∶10	−0. 120cB	−0. 106bA	−0. 113

Note: Total time for germination: 8days; *RI* data are the mean of three replicates in same treatment; +and− indicate effect of increase and decrease respectively; Germination index = $\sum$Gi/I (%d). Where, Gi is germination rate at i day (%), I is time of seed germination. The capitals and lower cases with dates in each column indicate the significant level of 5% and 1% respectively, and so does the next table.

3.2　Autotoxic effects of aquatic extracts on seedling growth

Aquatic extracts from underground parts of chrysanthemum had slight stimulatory effect on seedling growth at low concentrations (4 : 10), but inhibited it increasingly as concentration was increased to 8 : 10 and 16 : 10. Aquatic extracts from above - ground parts on seedling growth were significant and growth abnormalities occurred (Table 14 - 2). It could be concluded that aquatic extracts caused more significant inhibitions in root length than in plant height and fresh weight of the same plant species.

Table 14 - 2　Autotoxic effects of aquatic extracts onearly growth of chrysanthemum seedlings

Treatments	Concentrations (w/v)	Plant height RI	*Root length* RI	Fresh weight RI	Average of RI
Litter	Control	0.000aA	0.000aA	0.000aA	0.000
	4 : 10	−0.104bB	−0.200bB	−0.017aA	−0.161
	8 : 10	−0.140cC	−0.309cC	−0.038bAB	−0.244
	16 : 10	−0.166dD	−0.357dD	−0.082cB	−0.303
Leaf	Control	0.000aA	0.000aA	0.000aA	0.000
	4 : 10	−0.129bB	−0.200bB	−0.073bAB	−0.201
	8 : 10	−0.132bB	−0.250cC	−0.070bA	−0.226
	16 : 10	−0.241cC	−0.314dD	−0.098cB	−0.326
Stem	Control	0.000aA	0.000aA	0.000aA	0.000
	4 : 10	−0.101bAB	−0.165bAB	−0.024aA	−0.145
	8 : 10	−0.094bA	−0.197cB	−0.059bAB	−0.175
	16 : 10	−0.120cB	−0.224dC	−0.093cB	−0.219
Rhizospheric soil	Control	0.000aA	0.000aA	0.000aA	0.000
	4 : 10	+0.055bA	+0.120cB	+0.036bA	+0.111
	8 : 10	−0.073bAB	−0.096bAB	−0.054cA	−0.112
	16 : 10	−0.108cB	−0.147cB	−0.069c	−0.162

（续）

Treatments	Concentrations (w/v)	Plant height RI	Root length RI	Fresh weight RI	Average of RI
Root	Control	0.000aA	0.000aA	0.000aA	0.000
	4∶10	+0.062bA	+0.070aA	+0.071bA	+0.101
	8∶10	−0.109bAB	−0.109bA	−0.090bA	−0.154
	16∶10	−0.124cB	−0.103bA	−0.082bA	−0.155
Root exudates	Control	0.000aA	0.000aA	0.000aA	0.000
	4∶10	+0.046aA	+0.061bA	+0.080bAB	+0.094
	8∶10	−0.070bAB	−0.077bA	−0.061bA	−0.104
	16∶10	−0.103cB	−0.092cA	−0.095cB	−0.145

3.3　NR activity in leaves and IDH activity in roots

Activities of NR in leaves at the eleventh day were high in a lower concentration (4∶10 in w/v) and were from 8.16to 9.12μg NO_2^{-1} g^{-1} FW h^{-1} at a concentration of 4∶10 for all the extracts which suggested that aquatic extracts from different parts of chrysanthemum had slight stimulatory effect on the activities of nitrate reductase in leaves. Under control，the activities of NR in leaves were 8.05μg NO_2^{-1} g^{-1} FW h^{-1} at the eleventh day. No significant differences were found for NR activity between control and aquatic extracts treatment of different parts under a lower concentration (4∶10 in w/v in this paper）. Aquatic extracts inhibited NR activity increasingly as concentrations were increased to 8∶10 or 16∶10. Activities of NR decreased from 6.25to 7.12μg NO_2^{-1} g^{-1} FW h^{-1} at a concentration of 8∶10，from 4.31 to 7.16μg NO_2^{-1} g^{-1} FW h^{-1} at a concentration of 16∶10. Significant differences（$P < 0.01$）were found for NR activity between control and aquatic extracts treatment of different parts under a higher concentration of 16∶10（in Table 14-3）.

Table 14 - 3　Autotoxic effects of aquatic extracts on activity of NR and IDH,
and MDA content of early seedlings（11th day）

Treatments	Concentrations (w/v)	Nitrate reductase (μg NO$_2$$^{-1}$ g^{-1} FW h^{-1})	Isocitrate dehydrogenase (μg TPF g^{-1} FW h^{-1})	MDA content (nmol g^{-1} FW)
Litter	Control	8.05aA	4.12aA	8.45aA
	4：10	8.73aA	4.36bA	9.54bB
	8：10	7.04bB	1.68cB	11.16cC
	16：10	4.69cC	0.63dC	12.14dD
Leaf	Control	8.05aA	4.12aA	8.45aA
	4：10	8.94bAB	6.08bB	10.14bB
	8：10	6.67cB	1.28cC	11.30cC
	16：10	5.03dC	0.29dD	12.57dD
Stem	Control	8.05aA	4.12aA	8.45aA
	4：10	9.72bB	6.29bB	9.52bB
	8：10	6.25cC	1.92dC	9.42bB
	16：10	4.31dD	1.98cC	10.51cC
rhizospheric soil	Control	8.05aA	4.12aA	8.45aA
	4：10	8.16aA	4.23aA	8.89bAB
	8：10	7.61bA	3.44bB	9.10cB
	16：10	7.01cB	3.38cB	9.04cAB
Root	Control	8.05aA	4.12aA	8.45aA
	4：10	8.26aA	3.58bB	8.69aA
	8：10	7.25bA	3.18cC	9.35bA
	16：10	7.16bA	3.14dC	9.29bA
Root exudates	Control	8.05aA	4.12aA	8.45aA
	4：10	8.43aA	3.23cB	8.77aAB
	8：10	7.71aA	3.30bB	9.18bB
	16：10	7.13bB	3.18cB	9.46cB

From the Fig. 14 - 1a, it can also be seen that aquatic extracts of above-ground parts were revealed to have a higher degree of autotoxicity on NR activity than extracts of rhizospheric soil, root and root exudates.

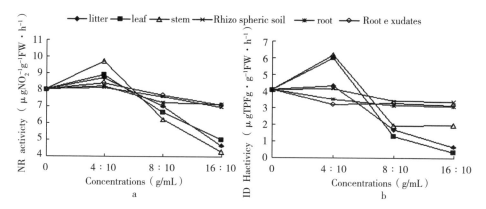

Fig. 14 - 1　Autotoxic effects of aquatic extracts on activities of nitrate reductase in leaves and isocitrate dehydrogenase in roots of chrysanthemum seedlings.

IDH activity in roots was also high in a lower concentration of litter, leaf, stem and rhizospheric soil extracts（4 ： 10）, whereas extracts significantly inhibited activity of this enzyme as concentrations were increased to 8 ： 10 and 16 ： 10. Under control, root dehydrogenase activity was 4. 12μg TPFg^{-1}FWh^{-1} at the eleventh day. Root dehydrogenase activities decreased from 1. 28to 3. 44μg TPF g^{-1} FW h^{-1} at a concentration of 8 ： 10, from 0. 29to 3. 38μg TPF^{-1} g^{-1} FW h^{-1} at a concentration of 16 ： 10. From the Fig. 1 - b, it can also be seen that aquatic extracts of above - ground parts were revealed to have a higher inhibitory effect on root dehydrogenase than those of rhizospheric soil, root and root exudates（Fig. 14 - 1b）. This decrease in isocitrate dehydrogenase activity at a concentration of 16 ： 10 was 93％ for leaf, 85％ for litter and 52％ for stem, compared to controls （Fig. 14 - 1b）. Statistic analysis of the results indicated that significant differences were not found for IDH activity between control and aquatic extracts treatment under a lower concentration, but found under a higher concentration extracts from different parts.

3. 4　MDA content

Significant differences were found for MDA content between control and litter, leaf and stem extracts treatment at any dose concentration, but not found under the rhizospheric soil, root and root exudates treatment at a lower concentration of 4 : 10. MDA content in leaves were significantly stimulated with increasing concentrations of aquatic extracts from different parts of chrysanthemum. In control, MDA content was 8. 45nmol g^{-1} FW, whereas it increased to 12. 57nmol g^{-1} FW for leaf extracts, 12. 14 for litter and 10. 51nmol g^{-1} FW for stem at a concentration of 16 : 10. This increase in MDA content in leaves at a concentration of 16 : 10 was 49% for leaf, 44% for litter and 24% for stem, compared to controls (Fig. 14 - 2). Obvious stimulatory effect on formation of MDA under the influence of extracts from rhizospheric soil, root and root exudates implied that autotoxic stress from aquatic extracts is playing an important role on the formation of MDA in chrysanthemum.

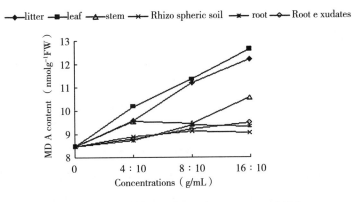

Fig. 14 - 2   Autotoxic effects of aquatic extracts on MDA content
in leaves of chrysanthemum seedlings

4   Discussions

The most notable result of these experiments was the strong autotoxic effects on seed germination and seedling growth of chrysanthemum. These results were evidenced by substantial suppression in seed germination and seedling growth of the same plant species, inhibition in the activities of nitrate reductase in leaves and isocitrate dehydrogenase in roots, and significant stimulation in the formation of MDA in plant exposed to aquatic extracts of chrysanthemum. Inhibitory impact on activities of isocitrate dehydrogenase may inhibit nutrient uptake, or destroy the plant's usable source of a nutrient since the root is the first organ to come into contact with autotoxins in the rhizosphere (5). Under the autotoxic stress, aquatic extracts accelerated membrane lipid peroxidation and leaded to MDA content raise significantly, moreover, the inhibitory degree enhanced with growing concentrations of aquatic extracts. It was recently reported that allelochemicals obtained from different Compositae family inhibited root growth and germination and caused rapid plasma membrane leakage in the receptor plants (13). Our previous results indicated that autotoxic stress stimulated creation of peroxidation of membrane lipids, decreased the level of soluble protein in leaves and inhibited leaf photosynthesis of receptor chrysanthemum (38). In this study, the MDA content in chrysanthemum leaves was increased by aquatic extracts, especially in leaves of plants treated with extracts of above – ground parts, which obviously leaded to upset the normal balance between the activity of anti – oxidative enzymes and peroxidation of membrane lipids, accordingly affected the structure and function of membrane, physiological metabolism, which is one of the main mechanisms of allelopathy (11, 27, 31). Autotoxicity is a chemical interaction among intra – specific plant individuals. Inhibition on the growth of the same species will alter plant response to population density (14). This mechanism will result in avoiding future conspecific competitions that acquired through a long time of adapting environment and evaluating selection (6). As reported by Edwards, et al., autotoxicity may be a common phenomenon (10). In agriculture and natural plant communities, autotoxicity was observed to inhibit germination and the early growth of seedlings (1, 17, 20, 21, 30, 34), the activities of examined enzymes (33, 36), and stimulate the formation of MDA (36). In this study，our results indicated that aquatic extracts of chrysanthemum were capable of reducing the growth of the same species，inhibiting in the activities of nitrate reductase and isocitrate dehydrogenase，and stimulating in the formation of MDA in plant exposed to autotoxic stress of chrysanthemum. Autotoxic potential varied with extracted plant part and enhanced with the increased concentration of aquatic extract，as reported in （1，12）. Autotoxicity observed in laboratory conditions is partially responsible for negative effects observed in field or greenhouse，or for continuous cropping obstacle of chrysanthemum.

Chrysanthemum is an example of a major ornamental crop and other economic uses in both domestic and international markets，which has resulted in an increased interest for protected cultivation and specialized production in China （9）. Under protected cultivation and specialized production，agricultural soil may contain autotoxic levels due to an accumulation of allelochemicals recovered at the end of chrysanthemum seasons when seedlings are replanted to the same land in consecutive years. Autotoxicity caused by continuous cropping is the most important obstacle to be overcome for the stable production and spread especially under protected cultivation and specialized production of chrysanthemum and other crops. In China，several research groups have conducted research on soybean autotoxicity because continuous cropping in Northeast of China （24），however，the ecological role of chrysanthemum autotoxicity remains still uncertain. In order to evaluation of autotoxic potential due to continuous cropping and avoid soil damage under protected cultivation and specialized production，more intensive studies are required.

5　Acknowledgements

This study was supported by the Key Program of Henan Institute of Science and Technology （20 070 026）. Especially we thank Prof. Norma

Cleasby for her kind help of revising the language of this paper, and Prof. Niu Li - yuan for his constructive suggestions to improve our manuscript. We also wish to thank Youbang Chrysanthemum Limited Corporation in Nanjing, China for supplying us all experimental materials of chrysanthemum cultivar 'Gaoyataizi', and National Key Laboratory of Crop Genetics and Germplasm Enhancement, Nanjing Agricultural University, and Prof. Dai Hua - guo in particular, for their support.

REFERENCES
参考文献

白松，刘怀 . 2003. 入世后我国进出口花卉存在的主要问题及对策建议 ［J］. 西南农业大学学报（社会科学版），1（4）：8－10.

蔡幼华 . 2002. 世界花卉产业现状及发展趋势 ［J］. 福建热作科技，27（3）：47－48.

陈大清，陈汝民，潘瑞炽 . 1998. 一种新发现的促进型他感作用物质——Lepidimoide ［J］. 植物生理学通讯，34（6）：455－457.

陈少裕 . 1991. 膜脂过氧化对植物细胞的伤害 ［J］. 植物生理学通讯，27（2）：84－90.

程广有 . 2000. 紫杉插穗中生根抑制物的鉴定 ［J］. 北华大学学报（自然科学版），1（2）：163－166.

催澄 . 1983. 植物激素与细胞形态发生的关系 ［J］. 细胞生物学杂志，5：1－5.

杜长玉，李东明，庞全国 . 2003. 大豆连作对植株营养水平、叶绿素含量光合速率及其产物影响的研究 ［J］. 大豆科学，22（2）：146－150.

葛云侠，陈凤玉 . 2001. S3 307 对番茄插枝生根的作用（简报）［J］. 植物生理学通讯，37（1）：15－17.

顾增辉，徐本美，郑光华 . 1982. 测定种子活力方法探讨之Ⅱ. 发芽的生理测定法 ［J］. 种子（3）：11－17.

郭维明，刘小军，江海东，等 . 2000. 冷季与暖季型草坪草他感作用潜势初探 ［J］. 江苏林业科技，27（S1）：45－48.

何华勤，林文雄，董章杭，等 . 2002. 水稻对受体植物化感作用的遗传生态学研究 ［J］. 应用生态学报，13（12）：1582－1586.

何华勤，林文雄 . 2001. 水稻化感作用潜力研究初报 ［J］. 中国生态农业学报，9（2）：47－49.

何华勤，林文雄 . 2001. 水稻化感作用生理生化特性研究 ［J］. 中国生态农业学报，9（3）：56－57.

黄建昌，肖艳．1996.PP$_{333}$提高草莓抗旱性研究［J］. 仲恺农业技术学院学报，9（1）：67－72.

黄卓烈，李明，詹福建，谭绍满．2002.不同生长素处理对桉树无性系插条氧化酶活性影响的比较研究［J］. 林业科学，38（4）：46－52.

黄卓烈，林邵湘，谭绍满，等．1997.尾叶桉等植物茎提取液对绿豆等植物插条发根和种子萌发的影响［J］. 华南农业大学学报，18（1）：97－102.

贾黎明，翟明普，冯长红．2003.化感作用物对油松幼苗生长及光合作用的影响［J］. 北京林业大学学报，25（4）：6－10.

贾黎明，翟明普，尹伟伦，等．1996.油松白桦混交林中生化他感作用的生物测定［J］. 北京林业大学学报，18（4）：1－8.

贾黎明，翟明普，尹伟伦．1995.油松/辽东栎混交林中生化他感作用（Allelopathy）研究［J］. 林业科学，31（6）：491－498.

姜伟贤．2003.我国花卉出口面临的形势及应对措施［J］. 林业科技开发，17（4）：3－5.

蒋明义，荆家海，王韶唐．1991.水分胁迫与植物膜脂过氧化［J］. 西北农业大学学报，19（2）：88－93.

蒋小满，艾西丝．1998.南瓜诱导生根过程中过氧化物酶活性及同工酶的研究［J］. 西北植物学报，18（3）：397－400.

孔垂华，徐涛，胡飞．1998.胜红蓟化感物质之间相互作用的研究［J］. 植物生态学报，22（5）：403－408.

孔垂华，徐涛，胡飞．1998.胜红蓟化感作用研究Ⅱ. 主要化感物质的释放途径和活性［J］. 应用生态学报，9（3）：257－260.

孔垂华．1998.植物化感作用研究中应注意的问题［J］. 应用生态学报，9（3）：332－336.

李合生．2000.植物生理生化实验原理和技术［M］. 北京：高等教育出版社.

李合生主编．2000.植物生理生化实验原理和技术［M］. 北京：高等教育出版社：167－169.

李玲，黄得兵，吴少梅，龚玉莲．1997.GL生根剂对扶桑扦插生根及碳水化合物分配的影响［J］. 园艺学报，24（1）：71－74.

李铃．1995.黄化处理促进绿豆下胚轴插条生根的研究［J］. 植物生理学通讯，37（3）：194－195.

李明．2000.难易生根桉树的过氧化酶活性及其同工酶多型性比较研究［J］. 华南农业大学学报（自然科学版），21（3）：57.

李晓东．2004.花卉产业的发展现状、趋势及思考［J］. 深圳职业技术学院学报（1）：32－35.

李晓萍，胡文玉．1988.超氧自由基、超氧化物歧化酶及其与植物衰老、抗逆性的关系［J］.

沈阳农业大学学报，19（2）：67－72.

林思祖，黄世国，曹光球，等.1999.杉木自毒作用的研究［J］.应用生态学报，10（6）：661－664.

林文雄，何华勤，董章杭，等.2004.不同环境下水稻对受体植物化感作用的动态遗传研究［J］.作物学报，30（4）：348－353.

刘秀芬.2002.化感物质对土壤硝化作用的影响［J］.中国生态农业学报，10（2）：60－62.

刘玉艳，于凤鸣，于娟.2003.IBA对含笑扦插生根影响初探［J］.河北农业大学学报，26（2）：25－29.

吕卫光，张春兰，袁飞，等，2002.有机肥减轻连作黄瓜自毒作用的机制［J］.上海农业学报，18（2）：52－56.

骆世明，曹潘荣，林象联.1994.茶园的他感作用研究［J］.华南农业大学学报，15（2）：129－133.

骆世明，林象联，曾任森，等.1995.华南农区典型植物的他感作用研究［J］.生态科学（2）：114－128.

马祥庆，黄宝龙.2000.杉木人工林自毒作用研究［J］.南京林业大学学报（自然科学版），24（1）：12－16.

慕小倩，罗玛霞，段琦梅，等.2003.10种菊科植物水提液对小麦幼苗生长的影响［J］.西北植物学报，23（11）：2014－2017.

邵华，彭少麟，王继栋，等.2001.薇甘菊的综合开发与利用前景［J］.生态科学，20（1，2）：132－135.

宋启示.2000.化学互感作用研究现状、困惑和趋势［J］.生态学杂志，19（4）：77－78.

宋启示.2000.紫茎泽兰的化学互感潜力［J］.植物生态学报，24（3）：362－365.

孙广玉，邹琪，程炳嵩.1991.大豆光合速率和气孔导度对水分胁迫的响应［J］.植物学报，33（1）：43－49.

孙文全.1990.黄化作用与插条生根［J］.植物生理学通讯，5：7.

王爱国，罗广华，邵从本.1983.大豆种子超氧化物歧化酶的研究［J］.植物生理学报，9（1）：77－83.

王爱萍，林思祖，杜玲，等.2003.马尾松根生化物质对杉木种子的化感效应［J］.福建林学院学报，23（3）：253－256.

王宝山.1988.生物自由基与植物膜伤害［J］.植物生理学通讯（1）：12－16.

王大力，马瑞霞，刘秀芬.2000.水稻化感抗草种质资源的初步研究［J］.中国农业科学，33（3）：94－96.

王大力，祝心如.1996.三裂叶豚草的化感作用研究［J］.植物生态学报，20（1）：330－337.

韦琦，曾任森，孔垂华，等 . 1997. 胜红蓟地上部化感作用物的分离与鉴定 ［J］. 植物生态
　　学报，21（4）：360 - 366.

熊启泉，杨十二 . 2004. 将比较优势转化为竞争优势是我国花卉产业发展的必由之路 ［J］.
　　科技导报，5：10 - 12.

徐正浩，何勇，崔绍荣，等 . 2003. 水稻化感材料控制稗草的基因定位研究 ［J］. 应用生态
　　学报，14（12）：2258 - 2260.

薛应龙，欧阳光察，沃绍根 . 1983. 植物苯丙氨酸解氨酶的研究 Ⅳ ［J］. 植物生理学报，9
　　（3）：301 - 305.

余叔文，汤章诚，1998. 植物生理与分子生物学 ［M］. 北京：科学出版社，366 - 389.

喻景权，杜尧舜 . 2000. 蔬菜设施栽培可持续发展中的连作障碍问题 ［J］. 沈阳农业大学学
　　报，31（1）：124 - 126.

喻景权 . 1994. 黄瓜根系分泌物中对植物有害的物质 ［J］. 化学生态杂志，20：21 - 31.

曾大力，钱前，滕胜，等 . 2003. 水稻化感作用的遗传分析 ［J］. 科学通报，48（1）：
　　70 - 73.

曾任森，林象联，骆世明，等 . 1996. 蟛蜞菊的生化他感作用及生化他感作用物的分离鉴定
　　［J］. 生态学报，16（1）：20 - 27.

曾任森，林象联，谭惠芬，等 . 1994. 蟛蜞菊根系分泌物的异种克生作用及初步分离 ［J］.
　　生态学杂志，13（1）：51 - 56.

曾任森，骆世明 . 1993. 香茅、胜红蓟和三叶鬼针草植物他感作用的研究 ［J］. 华南农业大
　　学学报，14（4）：8 - 14.

张爱君，张明普，张洪源 . 2002. 果树苗圃土壤连作障碍的研究初报 ［J］. 南京农业大学学
　　报（自然科学版），25（1）：19 - 22.

张春兰，吕卫光，袁飞，等 . 1999. 生物有机肥减轻设施栽培黄瓜连作障碍的效果 ［J］. 中
　　国农学通报，15（6）：67 - 69.

张志良 . 1990. 植物生理学实验指导（第二版） ［M］. 北京：高等教育出版社，1990：
　　154 - 155.

甄文超，王晓燕，曹克强，等 . 2004. 草莓根系分泌物和腐解物中氨基酸的检测及其化感作
　　用研究 ［J］. 河北农业大学学报，27（2）：76 - 80.

中国科学院上海植物生理研究所 . 1999. 现代植物生理学实验指南 ［M］. 北京：科学出版
　　社，317 - 318.

周凯，郭维明，徐迎春 . 2004. 菊科植物化感作用研究进展 ［J］. 生态学报，24（8）：
　　1780 - 1788.

周凯，郭维明 . 2005. 加拿大一枝黄花根系及根际土壤水浸液对萝卜和白菜种子萌发及幼苗
　　生长的影响 ［J］. 西北植物学报，25（1）：174 - 178.

朱斌，王维中 . 1999. 杉木连栽障碍的原因及其对策 [J]. 中南林学院学报，19（1）：76 – 78.

朱红莲，孔垂华，胡飞，等 . 2003. 水稻种质资源的化感潜力评价方法 [J]. 中国农业科学，36（7）：788 – 792.

朱新广，张其德 . 1999. NaCl 对光合作用影响的研究进展 [J]. 植物学通报，16（4）：332 – 338.

Abegaz B M. 1991. Polyacetylenic thiophenes and terpenoids from the roots of *Echinops pappii* [J]. *Phytochemistry*，30（3）：879 – 881.

Adam A L，Bestwick C S，Barna B，et al. 1995. Enzymes regulating the accumulation of active oxygen species during the hypersensitive reaction of bean to *Pscudomoras syrionea* pv [J]. *Phascolicola Planta*（197）：240 – 249.

Ahmed M，Wardle D A. 1994. Allelopathic potential of vegetative and flowering ragwort（*Senecio jacobaea* L.）plants against associated pasture species [J]. *Plant and Soil*，164（1）：61 – 68.

Akihisa T，Yasukawa K，Oinuma H. 1996. Triterpene alcohols from the flowers of Compositae and their anti – inflammatory effects [J]. *Phytochemistry*，43（6）：1255 – 1260.

Alan R P，Chung – Shih Jang. 1986. The Science of Allelopathy. The United States of American，9 – 12.

Anaya A L，Hernandez BBE，Torres B A，et al. 1996. Phytotoxicity of cacalol and some derivatives obtained from the roots of *Psacalium decompositum*（A. Gray）H. Rob. & Brettell（Asteraceae），Matarique or Maturin [J]. *Journal of Chemical Ecology*，22（3）：393 – 403.

Barkosky R R，Einhellig F A，Butler J L. 2000. Caffeic acid – induced changes in plant – water relationships and photosynthesis in leafy spurge *Euphorbia esula* [J]. *Journal of Chemical Ecology*，26（9）：2095 – 2109.

Baruah N C，Sarma J C，Soneswar S，et al. 1994. Seed germination and growth inhibitory cadinenes from *Eupatorium adenophorum* Spreng [J]. *Journal of Chemical Ecology*，20（8）：1885 – 1892.

Batish D R，Singh H P，Kohli R K，et al. 2002. Allelopathic effects of parthenin against two weedy species *Avena fatua* and *Bidens pilosa* [J]. *Environmental and Experimental Botany*，47（2）：149 – 155.

Batish D R，Tung P，Singh H P，Kohli R K. 2002. Phytotoxicity of sunflower residues against some summer season crops [J]. *Journal of Agronomy and Crop Science*，188（1）：19 – 24.

Beers R F, Sizer I. 1952. Aspectrophotometric method for measuring the breakdown of hydrogen peroxide by catalase [J]. *Journal biology Chemistry*, 195: 133 - 137.

Beres I, Kazinczi G, Narwal S S. 2002. Allelopathic plants 4. Common ragweed (*Ambrosia elatior* L. Syn *A. artemisiifolia*) [J]. *Allelopathy Journal*, 9 (1): 27 - 34.

Beres I, Kazinczi G. 2000. Allelopathic effects of shoot extracts and residues of weeds on field crops [J]. *Allelopathy Journal*, 7 (1): 93 - 98.

Butcko V M, Jensen R J. 2002. Evidence of tissue - specific allelopathic activity in *Euthamia graminifolia* and *Solidago canadensis* (Asteraceae) [J]. *American Midland Naturalist*, 148 (2): 253 - 262.

Callaway R M, Aschehoug E T. 2000. Invasive plants versus their new and old neighbors: a mechanism for exotic invasion [J]. *Science*, 290: 521 - 523.

Chen P K, Leather G R. 1990. Plant growth regulatory activities of artemisinin and its related compounds [J]. *Journal of Chemical Ecology*, 16 (6): 1867 - 1876.

Chon S, Coutts J H, Nelson C J, et al. 2000. Effects of light, growth media, and seedling orientation on bioassays of alfalfa autotoxicity [J]. *Agronomy Journal*, 92 (4): 715 - 720.

Claus O S, Harro J B, Nils B, et al. 1999. Isolation, characterization, and mechanistic studies of (-) - a - Gurjunene synthase from *Solidago canadensis* [J]. *Archives of Biochemistry and Biophysics*, 364 (2): 167 - 177.

Correa J F, Souza I F, Ladeira A M. 2000. Allelopathic potential of *Eupatorium maximiliani* Schrad leaves [J]. *Allelopathy Journal*, 7 (2): 225 - 233.

Dayan F E, Romagni J G, Duke S O. 2000. Investigating the mode of action of natural phytotoxins [J]. *Journal of Chemical Ecology*, 26 (9): 2079 - 2094.

Dongre P N, Mishra A K. 2002. Weed infestation in fields of urd: a phytosociological analysis [J]. *Crop Research Hisar*, 24 (1): 102 - 105.

Downton WJS, Grant W J, Robinson S P. 1985. Stomatal closure fully accounts for the inhibition of photosynthesis by abscisic acid [J]. *Plant Physiology*, 77: 85 - 88.

Duke S O, Rimando A M, Baerson S R, et al. 2002. Strategies for the use of natural products for weed management [J]. *Journal of Pesticide Science*, 27 (3): 298 - 306.

Einhellig F A, Inderjit, Dakshini KMM, 1995. Mechanism of action allelochemicals in allelopahty [M]. American Chemical Society, Washington, USA: 96 - 116.

Einhellig F A, Rice E L, Risser P G, et al. 1971. Effects of scopolin and chlorogenic acids in tobacco, sunflower and pigweed [J]. *Bull Torrey Bot Club*, 98: 155 - 162.

Einhellig F A. 1970. Effect of scopoletin and chlorogenic acid on stomatal aperture in tobacco and sunflower [J]. *Bull Torrey Bot Club*, 97: 22 - 33.

Einhellig F A. 1985. The chemistry of allelopathy [M]. U. S. A, Thompson, A. C. ED, 252 – 278.

Einhellig F A. 1996. Interaction involving allelopathy in cropping systems [J]. *Agronomy Journal*, 88: 886 – 893.

Escudero A, Albert M J, Pita J M, et al. 2000. Inhibitory effects of *Artemisia herba - alba* on the germination of the gypsophyte *Helianthemum squamatum* [J]. *Plant Ecology*, 148 (1): 71 – 80.

Eva – Mari, Mccaffery S, Anderson J M. 1993. Photoinhibition and DI protein degradation in peas acclimated to different growth irradiances [J]. *Plant Physiology*. 103: 599 – 626.

Ferguson D E. 1991. Allelopathic potential of western coneflower (*Rudbeckia occidentalis*) [J]. *Canadian Journal of Botany*, 69 (12): 2806 – 2808.

Fischer N H, Weidenhamer J D, Bradow J M. 1989. Inhibition and promotion of germination by several sesquiterpenes [J]. *Journal of Chemical Ecology*, 15: 1785 – 1793.

Francisco A M, Ascensión T, José M G, et al. 1996. Potential allelopathic sesquiterpene lactones from Sunflower leaves [J]. *Phytochemistry*, 43 (6): 1205 – 1215.

Franciso A M, Juan CGG, Diego C, et al. 1999. Sesquiterpene lactones with potential use as natural herbicide models (I): *trans, trans* – germacranolides [J]. *Journal of Agricultural and Food Chemistry*, 47: 4407 – 4414.

Franciso A M, Rosa M V, Ascensión T, et al. 1998. Bioactive norsesquiterpenes from *Helianthus annuus* with potential allelopathic activity [J]. *Phytochemistry*, 48 (4): 631 – 636.

Fridovich J. 1975. The biology of oxygen radical [J]. *Science* (201): 875 – 880.

Fuzzati N, Sutarjadi, Dyatmiko W, et al. 1995. Phenylpropane derivatives from roots of *Cosmos caudatus* [J]. *Phytochemistry*, 39 (2): 409 – 412.

Gershenzon J. 1994. Metabolic costs of terpenoid accumulation in higher plants [J]. *Journal of Chemical Ecology*, 20 (1): 281 – 328.

Ghosh P K, Mandal K G, Hati K M. 2000. Allelopathic effects of weeds on groundnut (*Arachis hypogaea* L.) in India – a review [J]. *Agricultural Reviews*, 21 (1): 66 – 69.

Gill D S, Sandhu K S. 1994. Response of wheat and sunflower to allelopathic effects of weed residues [J]. *Indian Journal of Ecology*, 21 (1): 75 – 78.

Glass A D M, Bohm B A. 1971. The uptake of simple phenols by barley roots [J]. *Planta* (100): 93 – 105.

Greenberg J T, 1997. Programmed cell death in plant – pathogen interaction [J]. *Annual Review Plant Physiology and plant Molecular Biology* (48): 525 – 545.

Harsh P, Bais, Ramarao Vepachedu, Simon Gilroy, et al. 2003. Allelopathy and exotic plant invasion: from molecules and genes to species interactions [J]. *Science* (301): 1377 – 1380.

Hasegawa K, Mizutani J, Kosemura S, et al. 1992. Isolation and identification of lepidimoide, a new allelopathic substance from mucilage of germinated cress seeds [J]. *Plant Physiology*, 100 (2): 1059 – 1061.

Hejl A M, Einhellig F A, Rasmussen J A. 1993. Effects of juglone on growth, photosynthesis, and respiration [J]. *Journal of Chemical Ecology*, 19 (3): 559 – 568.

Hogan M E, Manners G D. 1991. Differential allelochemical detoxification mechanism in tissue cultures of *Antennaria microphylla* and *Euphorbia esula* [J]. *Journal of Chemical Ecology*, 17 (1): 1785 – 1796.

Ikutaro I, Katsuichiro K, Tadakatsu Y. 1998. Fate of dehydromatricaria ester added to soil and its implications for the allelopathic effect of *Solidago altissima* L [J]. *Annals of Botany*, 82: 625 – 630.

Inderjit Manjit K, Foy C L, Kaur M. 2001. On the significance of field studies in allelopathy [J]. *Weed Science*, 15 (4): 792 – 797.

Inderjit, Dakshini KMM. 1992. Formononetin 7 – O – glycoside (ononin), an additional growth inhibitor in soils associated with the weed *Pluchea lanceolata* (Asteraceae) [J]. *Journal of Chemical Ecology*, 18 (5): 713 – 718.

Inderjit, Foy C L. 1999. Nature of the interference mechanism of mugwort (*Artemisia vulgaris*) [J]. *Weed Technology*, 13 (1): 176 – 182.

Inderjit. 1995. Characterization of the machanism of allelopathy, Modeling and experimental approaches [M]. American Chemical Society, Washington, USA: 158 – 168.

Inderjit. 1996. Plant phenolics in allelopathy [J]. Botanical Review, 62 (2): 186 – 202.

Inderjit. 1998. Influence of *Pluchea lanceolata* on selected soil properties [J]. American Journal of Botany, 85 (1): 64 – 69.

Inderjit. 2002. Allelopathic effect of *Pluchea lanceolata* on growth and yield components of mustard (*Brassica juncea*) and its influence on selected soil properties [J]. *Weed Biology and Management*, 2 (4): 200 – 204.

Ismail B S, Chong T V, Chong T V. 2002. Effects of aqueous extracts and decomposition of *Mikania micrantha* HBK. debris on selected agronomic crops [J]. *Weed Biology and Management*, 2 (1): 31 – 38.

Juan C G G, Antonio H, Frank E, et al. 1999. Dehydrozaluzanin C: a natural sesquiterpenoide, causes rapid plasma membrane leakage [J]. *Phytochemistry*, 52: 805 – 813.

Kakkar R K, Rai V K. 1991. Effect of leachates of *Prinsepia utilis* Royle and *Quercus incana*

Roxb. seeds and auxins on adventitious root formation in hypocotyl cuttings of Phaseolus vulgaris L [J]. *National Academy Science Letters*, 14 (1): 7 - 11.

Kakuta H. 1993. Biomolecule tansfer into plant cells using the particle gun [J]. *Chemistry Regulation of Plants*, 28: 98 - 104.

Karin K, Kaul K. 2000. Autotoxicity in *Tagetes erecta* L. On its own germination and seedling growth [J]. *Allelopathy Journal*, 7 (1): 109 - 113.

Kazinczi G, Mikulas J, Hunyadi K, et al. 1997. Allelopathic effects of weeds on growth of wheat, sugarbeet and *Brassica napus* [J]. *Allelopathy Journal*, 4 (2): 335 - 339.

Kenji G M, Nakajima S, Baba N. 1998. Biologically active substance from Kenyan plant, *Vernonia hindii* S. Moore (*Asteraceae*) [J]. *Scientific Reports of the Faculty of Agriculture*, (87): 17 - 21.

Khafagi I K. 1998. Management of growth and autotoxicity of Cleome droserifolia heterotrophic and photomixotrophic cultures [J]. *Egyptian Journal of Botany*, 38 (1 - 2): 151 - 171.

Khalil S, Labuschagne D N. 2002. Role of mycorrhizae, pathogens and weeds in sustainable pine forest management [J]. *International Journal of Agriculture and Biology*, 4 (1): 1 - 3.

Kiran K, Kaul K. 2000. Autotoxicity in *Tagetes erecta* L. On its own germination and seedling growth [J]. *Allelopathy Journal*, 7 (1): 109 - 113.

Konarev A V, Anisimova I N, Gavrilova V A, et al. 2002. Serine proteinase inhibitors in the Compositae: distribution, polymorphism and properties [J]. *Phytochemistry*. 59 (3): 279 - 291.

Kraker J W, Franssen M C R, Groot A D, et al. 1998. - Germacrene a biosynthesis: the committed step in the biosynthesis of bitter sesquiterpene lactones in chicory [J]. *Plant Physiology*, 117 (4): 1381 - 1392.

Kuldeep S, Khosla S N, Jeet K, et al. 1990. Parthenin from *Parthenium hysterophorus* L. - an anti auxin [J]. *Indina Journal of Forestry*, 13 (2): 128 - 131.

Lee S Y, Shim K C. 2002. Phytotoxic effect of aqueous extracts and essential oils from southern marigold (*Tagetes minuta*) [J]. *New Zealand Journal of Crop and Horticultural Science*, 30 (3): 161 - 169.

Macias F A, Galindo JCG, Molinillo J M G, et al. 2000. Dehydrozaluzanin C: a potent plant growth regulator with potential use as a natural herbicide template [J]. *Phytochemistry*, 54 (2): 165 - 171.

Macias F A, Galindo JGG, Castellano D, et al. 1999. Sesquiterpene lactones with potential use as natural herbicide models (I): trans, trans - germacranolides [J]. Journal of Agricultural and Food Chemistry, 47 (10): 4407 - 4414.

Macias F A, Molinillo J M G, Galindo J C G et al. 2001. The use of allelopathic studies in the search for natural herbicides [J]. *Journal of Crop Production*, 4 (2): 237 - 255.

Mahmoud S S, Croteau R B. 2002. Strategies for transgenic manipulation of monoterpene biosynthesis in plants [J]. *Trends in Plant Science*, 7 (8): 366 - 373.

Maruthi V, Sankaran N. 2001. Allelopathic effects of sunflower (*Helianthus* spp) —a review [J]. *Agricultural Reviews*, 22 (1): 57 - 60.

Mary K S, Frank A E. 1982. Allelopathic effects of cultivated sunflower on grain sorghum [J]. *Journal Chemical Ecology*, 143: 505 - 510.

Mccord J M, Fridovich J. 1969. Superoxide dismutase: an enzymic function for erythrocuprein (Hemocaprein) [J]. *Biology Chemistry* (224): 6049 - 6055.

Mersie W, Singh M. 1993. Phenolic acids affect photosynthesis and protein synthesis by isolated leaf cells of velvet - leaf [J]. *Journal Chemical Ecology* (19): 1293 - 1301.

Milman I A. 1990. Alanto and isoalantolactones [J]. *Chemistry of Natural Compounds*, 26 (3): 251 - 262.

Miyamoto K, Ueda J, Yamada K, et al. 1997. Inhibition of abscission of bean petiole explants by lepidimoide [J]. *Journal of Plant Growth Regulation*, 16 (1): 7 - 9.

Miyamoto K, Ueda J, Yamada K, et al. 1997. Inhibitory effect of lepidimoide on senescence in *Avena* leaf segments [J]. *Journal of Plant Physiology*, 150 (1 - 2): 133 - 136.

Murphy S D. 2001. The role of pollen allelopathy in weed ecology [J]. *Weed Technology*, 15 (4): 867 - 872.

Nagabhushana G G, Worsham A D, Yenish J P. 2001. Allelopathic cover crops to reduce herbicide use in sustainable agricultural systems [J]. *Allelopathy Journal*, 8 (2): 133 - 146.

Nilsson H, Hallgren E. 1991. White mustard as a herbicide for control of *Matricaria inodora* A greenhouse experiment [J]. *Weeds and weed control*, 32: 157 - 161.

Nishimura H, Kondo Y, Agasaka T, Satoh A. 2000. Allelochemicals in chicory and utilization in processed foods [J]. *Journal of Chemical Ecology*, 26 (9): 2233 - 2241.

Oh HC, Lee SY, Lee H S, et al. 2002. Germination inhibitory constituents from *Erigeron annuus* [J]. *Phytochemistry*, 61 (2): 175 - 179.

Olofsdotter M. 1998. Allelopathy in rice. International Rice Research Institute (IRRI) [M]. Manila, Philippines.

Paterson D T. 1981. Effects of allelopathic chemicals on growth and physiological responses of soybean [J]. *Weed Science* (29): 53 - 59.

Prasad K, Srivastava V C. 1991. Teletoxic effect of weeds on germination and growth of rice

(*Oryza sativa*) [J]. *Indian Journal of Agricultural Sciences*, 61 (8): 591 - 592.

Pushpa S, Archana S, Shrivastava A K, et al, 2003. Isolation and identification of allelochemicals from sugarcane leaves [J]. *Allelopathy Journal*, 12 (1): 71 - 79.

Putnam A R, Tang C S. 1986. The Science of Allelopathy [M]. New York: Wiley Interscience, Inc: 69 - 70.

Qwens L D. 1969. Toxins in plant disease: structure and mode of action [J]. *Science*, 165: 18 - 25.

Rai V K, Gupta S C, Singh B. 2003. Volatile monoterpenes from *Prinsepia utilis* L. leaves inhibit stomatal opening in *Vicia faba* L [J]. *Biologia Plantarum*, 46 (1): 121 - 124.

ReigosaM J, Souto X C, Gonzalez L. 1999. Effects of phenolic compounds on the germination of six weeds species [J]. *Plant Growth Regulation*, 28 (2): 83 - 88.

Rice E. L. 1984. Allelopathy [M]. 2nd Ed, Academic Orlando, FL.

Roshchina V D. 1979. The effect of extracts from *Cicuta viras* on chloroplast movement and on some photosynthetic reactions [J]. *Plant Physiol*, 26: 147 - 152.

Roshchina VV and Roshchina V D, 1993. The Excretory Function of Higher Plant [M]. New York: Springer - verlag: 213 - 215.

Santrucek J, Sage R F. 1996. Acclimation of stomatal conductance to a CO_2 - enriched atmosphere and elevated temperature in *Chenopodium album* [J]. *Australian Journal of Plant Physiology*, 23 (4): 467 - 478.

Singh H P, Batish D R, Pandher J K, Kohli R K. 2003. Assessment of allelopathic properties of *Parthenium hysterophorus* residues [J]. *Agriculture Ecosystems and Environment*, 95 (1 - 3): 537 - 541.

Singh R, Hazarika U K. 1996. Allelopathic effects of *Galinsoga parviflora* Car and *Bidens pilosa* L. on germination and seedling growth of soybean and groundnut [J]. *Allelopathy Journal*, 3 (1): 89 - 92.

Smith A E. 1989. The potential allelopathic characteristics of bitter sneezeweed (*Helenium amarum*) [J]. *Weed Science*, 37 (5): 665 - 669.

Stephen O D, Kevin C V, Edward M C, et al. 1987. Artemisinin, a constrituent of annual wormwood (*Artemisia annua*), is a selective phytotoxin [J]. *Weed Science* (35): 499 - 505.

Stiles L H, Leather G R, Chen P K. 1994. Effects of two sesquiterpene lactones isolated from *Artemisia annua* on physiology of *Lemna minor* [J]. *Journal of Chemical Ecology*, 20 (4): 969 - 978.

Tang C S. 1995. Plant stress and allelopathy [J]. ACS Symp Ser (582): 192 - 157.

Thakur PS，Anju T，Thakur A. 1990. Potential of extracted root forming factor from *Ipomoea fistulosa* on dormant Populus stem cuttings [J]. *India Journal of Experimental Biology*，28 (4)：385 - 386.

Thomasze wishi M，Thimann K V. 1966. Interaction of phemolic acids，metabllicions and chlating agents on auxin - induced growth [J]. *Plant Physiology* (41)：1443 - 1454.

Tsao R，Eto M. 1996. Light - activated plant growth inhibitory activity of cis - dehydromatricaria ester，rose bengal and fluren - 9 - one on lettuce (*Lactuca sativa* L) [J]. *Chemosphere*，32 (7)：1307 - 1317.

Vaughan D. 1992. Extraction of potential allelochemicals and their effects on root morphology and nutrient contents [J]. In：Plant Root Growth. Ed. by D. Atkinson. Blackwell Scientific Publications. Oxford：399 - 421.

Vyvyan J R. 2002. Allelochemicals as leads for new herbicides and agrochemicals [J]. *Tetrahedron*，58 (9)：1631 - 1646.

Wang W Z，Tan R X，Yao Y M，et al. 1994. Sesquiterpene lactones from *Ajania fruticulosa* [J]. *Phytochemistry*，37 (5)：1347 - 1349.

Wardle D A，Ahmed M，Nicholson K S. 1991. Allelopathic influence of nodding thistle (*Carduus nutans* L) seeds on germination and radicle growth of pasture plants [J]. *New Zealand Journal of Agricultural Research*，34 (2)：185 - 191.

Wardle D A，Nicholson K S，Rahman A. 1993. Influence of plant age on the allelopathic potential of nodding thistle (*Carduus nutans* L.) against pasture grasses and legumes [J]. *Weed Research Oxford*，33 (1)：69 - 78.

Warrag M O A. 1995. Autotoxic potential of foliage on seed germination and early growth of mesquite (*Prosopis juliflora*) [J]. *Journal of Arid Environmental*，31 (4)：415 - 421.

Williamson G B，Richardson D. 1988. Bioassay for allelopathy：measuring treatment responses with independent controls [J]. *Journal Chemical Ecology*，14 (1)：181 - 187.

Yamada K，Anai T，Hasegawa K. 1995. Lepidimoide，an allelopathic substance in the exudates from germinated seeds [J]. *Phytochemistry*，39 (5)：1031 - 1032.

Yamada K，Anai T，Yokotani - tomita K，et al. 1996. Physiological function of lepidimoide [J]. *Plant cell physiology*，37：150 - 150.

Yamada K，Matsumoto H，Ishizuka K，et al. 1998. Lepidimoide promotes light - induced chlorophyll accumulation in cotyledons of 6unflower seedlings [J]. *Journal of Plant Growth Regulation*，17 (4)：215 - 219.

Yang C M，Lee C N，Chou C H，et al. 2003. Effects of three allelopathic phenolics on chlorophyll accumulation of rice (*Oryza sativa*) seedlings：I. Inhibition of supply - orientation

[J]. *Botanical Bulletin of Academic Sinica*，43（4）：299－304.

Yu J Q，Ye S F，Zhang M F，Hu W H. Effects of root exudates and aqueous root extracts of cucumber（*Cucumis sativus*）and allelochemicals on photosynthesis and antioxidant enzymes in cucumber［J］. *Biochemical Systematics and Ecology*，31（2）：129－139.

Yu J Q. 2001. Autotoxic potential of cucurbit crops：phenomenon，chemicals，mechanisms and means to overcome［J］. *Journal of Crop of Production*，4（2）：335－348.

Zhou K，Zhou X M，Yang L F，et al. 2009. Autotoxic effects of Chrysanthemum（*Chrysan-themum morifolium*（Ramat）Tzvel.）［J］. Allelopathy Journal，24（1）：91－102.

图书在版编目（CIP）数据

菊科植物化感作用研究 / 周凯著. -- 北京：中国
农业出版社，2024. 10. -- ISBN 978-7-109-32605-7

Ⅰ. Q949.783.5

中国国家版本馆 CIP 数据核字第 2024KA9206 号

菊科植物化感作用研究

JUKE ZHIWU HUAGAN ZUOYONG YANJIU

中国农业出版社出版

地址：北京市朝阳区麦子店街 18 号楼
邮编：100125
责任编辑：赵　刚
版式设计：王　晨　　责任校对：吴丽婷
印刷：北京中兴印刷有限公司
版次：2024 年 10 月第 1 版
印次：2024 年 10 月北京第 1 次印刷
发行：新华书店北京发行所
开本：720mm×960mm　1/16
印张：12.25
字数：200 千字
定价：88.00 元